最新挖掘机司机

培训教程

李波 主编

ZUIXIN WAJUEJI SIJI
PEIXUN JIAOCHENG

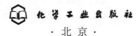

化学工业出版社

·北京·

本教程由国内知名的工程机械驾驶培训教练编写，总结了多年实际职业培训的要求、经验和方法编写而成，内容实用，可操作性强。本书主要教会挖掘机司机认识、了解挖掘机的整体结构，如何一步一步地学会操作挖掘机，并逐步掌握熟练操作的技巧；同时还介绍了保养维护的基本知识和要求，以及必要的安全操作规程和安全注意事项。另外，该教程还介绍了新机型、新技术的理论及应用，使得读者既能操作普通机型又能操作最新的机型。

本操作教程不仅适用于专业技术培训学校，也可供售后服务人员、维修人员自学参考。

图书在版编目（CIP）数据

最新挖掘机司机培训教程/李波主编. —北京：化学工业出版社，2014.3（2022.3重印）

ISBN 978-7-122-19750-4

Ⅰ.①最… Ⅱ.①李… Ⅲ.①挖掘机-操作-技术培训-教材 Ⅳ.①TU621.07

中国版本图书馆 CIP 数据核字（2014）第 023847 号

责任编辑：张兴辉　　　　　　　　　　文字编辑：杨　帆
责任校对：宋　玮　　　　　　　　　　装帧设计：王晓宇

出版发行：化学工业出版社（北京市东城区青年湖南街 13 号　邮政编码 100011）
印　　装：大厂聚鑫印刷有限责任公司
850mm×1168mm　1/32　印张 9　字数 246 千字
2022 年 3 月北京第 1 版第 11 次印刷

购书咨询：010-64518888　　　　　　　售后服务：010-64518899
网　　址：http://www.cip.com.cn
凡购买本书，如有缺损质量问题，本社销售中心负责调换。

定　　价：39.00 元　　　　　　　　　　版权所有　违者必究

前言

FOREWORD

　　近几年，随着科学技术的快速发展，以及工程机械新技术、新产品的不断涌现，挖掘机也有了新一代的产品，确立了新的机械理论体系。为满足职业技术培训学校及企业工程机械驾驶培训的需要，我们在过去已编《挖掘机操作工培训教程》一书的基础上，根据近年来挖掘机培训中反馈的信息，有针对性地改编了《最新挖掘机司机培训教程》一书。本书在原有基础理论技术的基础上，突出添加了新理论、新技术、新内容和新的操作方法。主要解决挖掘机驾驶人员的实际操作能力，以及管理服务人员在挖掘机施工现场分析和解决问题的能力。

　　本书是针对新一代挖掘机的电喷发动机理论技术、电脑控制以及电脑监控运用的操作，使读者了解认识挖掘机、会开挖掘机、熟练掌握施工操作技巧，最终成为一名既是操作高手，又会维护保养的合格驾驶员而编写的。

　　本教程按挖掘机培训的内容分为：挖掘机常识；挖掘机安全要求；挖掘机结构基础知识；挖掘机操作技术；挖掘机维护保养以及挖掘机故障诊断。在论述挖掘机操作过程中，必须掌握哪些理论知识（应知），需要具备哪些技能（必会），同时在完成这些技能时要注意哪些事项，以及有哪些经验技巧可以供参考，通过这些内容的学习体现该教程做什么、学什么；学什么、用什么。使之体现出学以致用的最大特点。

　　本书由李波主编，朱永杰、李秋为副主编，李文强、徐文秀、马志梅等人参与编写，并给予大力支持，对此表示衷心感谢！

　　由于编者水平有限，在编写过程中难免出现不足之处，恳请广大读者批评指正。

编者

目录
CONTENTS

第1篇　挖掘机驾驶基础

第 2 篇　挖掘机构造原理

第 4 篇　挖掘机维护保养与故障排除

第 10 章

挖掘机维护与保养

PAGE

220

第 11 章

驾驶操作常见故障

第1篇
挖掘机驾驶基础

第1章
挖掘机简介

(1) 挖掘机的用途

目前，世界各国都在大力发展各类挖掘机，挖掘机的最大吨位已经达到百吨或几百吨，而最小的仅为几百千克。随着挖掘机工作装置的广泛使用，挖掘机属具也趋于多样化，挖掘机的使用范围将更加广泛。图1-1中就是几种常见不同用途的工作装置。

碎石机

液压翻斗

液压斗

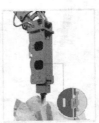
液压锤

可旋转的抓斗

柱形液压剪

垂挂抓斗

图1-1　挖掘机不同用途

（2）挖掘机的品牌（表1-1）

表1-1　国内外挖掘机品牌

标　　牌	厂　家	标　　牌	厂　家
CATERPILLAR	卡特彼勒	YTO	一拖
HITACHI	日立	山东临工	临工
KOMATSU	小松	厦工 XGMA	厦工
DAEWOO	大宇	LiuGong 柳工	柳工
HYUND HEAVY INDUSTRIES CO	现代	ZOOMLION	中联
VOLVO	沃尔沃	山河智能	山河
IHI	石川岛	DOOSAN	斗山
CASE	凯斯	XCMG	徐工
TEREX	特雷克斯	SANY	三一
Kubota	久保田	XCG	徐挖
LOVOL	雷沃	HBXG	宣工
Takeuchi	竹内	SHANTUI	山推
WORLD	沃德	SSCM	住友
LISHIDE 力士德	力士德	ICK	森田重机
YANMAR	洋马		合肥振宇
BONNY	邦立	晋工机械	晋工
N T	南特	JCM	众友
新型智能 GRAND machinery	格瑞德	山东常林 www.changlin.net	常林
TEREX	特雷克斯	Jonyang	詹阳
LIEBHERR	利勃海尔	移山 YI SHAN	移山
ATLAS TEREX	阿特拉斯	开元智能	开元
IHISCE 石川岛中装	石川岛	DASIN 大信	大信

随着科学技术的进步和市场经济的发展，工程机械在经济发展中的地位和作用越来越明显，挖掘机普及率也越来越高。无论是大型企业还是小型私营企业，挖掘机已经取代人力劳动，由此带来的挖掘机制造业之间的竞争也越显激烈，从而促进了挖掘机业以及挖掘机技术的迅猛发展。未来全球挖掘机正朝着专业化与生产系列化、人性化、环保化、模块化，以及优良的安全性、维修性与操作性等方向发展，如未来概念型挖掘机，整机装备一种集成运行记录器，承担着"黑匣子"的功能。

1.1　挖掘机功能与组成

1.1.1　挖掘机的功能

挖掘机是用来开挖土壤的施工机械。它是用铲斗的斗齿切削土壤并装入斗内，装满土后提升铲斗并回转到卸土地点卸土，然后再使转台回转、铲斗下降到挖掘面，进行下一次挖掘。挖掘—回转—卸载—返回称为挖掘机的一个工作循环，如图1-2所示。

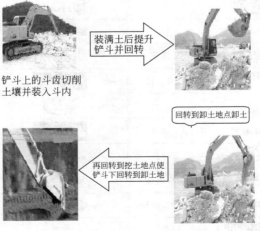

图1-2　挖掘机一个工作循环图

挖掘机是一种多用途土石方施工机械，主要进行土石方挖掘、装载，还可进行土地平整、修坡、吊装、破碎、拆迁、开沟等作业，所以在公路、铁路等道路施工、桥梁建设、城市建设、机场港口及水利施工中得到了广泛应用。所以挖掘机兼有推土机、装载机、起重机等的功能，能代替这些机械工作。

1.1.2 挖掘机的组成

挖掘机的设计是相当人性化的，通常把挖掘机分成上、下两部分，分别称上车部分、下车部分：上车相当人的躯干，它有心脏——发动机、有腰——回转、有手臂——工作装置（大臂、二臂和挖斗）。而下车相当于人的腿，主要负责挖掘机的行走和整机转弯，如图 1-3 所示。

图 1-3 整机构成示意图

1—工作装置；2—上体部分；3—下体部分

挖掘机的总体结构包括动力装置、传动系统、操纵机构、回转装置、行走装置、工作装置、电气设备和辅助设备等。

（1）上体部分

上体部分是液压挖掘机的主体部分，是动力装置、液压传动系统，回转机构、工作装置、驾驶室和辅助设备等主要装置的安装平台，更是产生动力、传递液压力、操作工作装置产生效能的平台。

上车部分的组成有上平台、驾驶室及操作机构，其平台上安装有发动机、液压泵、控制阀、回转机构、液压油箱、燃油箱、控制油路、电器部件、配重、工作装置等。

（2）下体部分

下体部分是液压挖掘机整个机器的支承部分和行走装置，承受机器的全部重量和工作装置的反力，同时能使挖掘机短距离行驶。

液压挖掘机的行走装置采用液压驱动。驱动装置主要包括液压马达、减速机和驱动轮，每条履带有各自的液压马达和减速机。由于两个液压马达可独立操作，因此机器的左右履带可以同步前进或后退，也可以通过一条履带制动来实现转弯，还可以通过两条履带相反方向驱动，来实现原地转向，操作十分简单、方便、灵活。

挖掘机下体部分按结构设计的特点分为履带式和轮胎式两大种类。以履带式为例，主要组成有中央回转接头、回转支承、X架、履带架、张紧装置、行走马达、减速机、四轮一带（支重轮、托链轮、驱动轮、导向轮、履带），如图1-4所示。

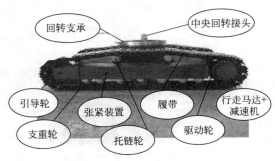

图1-4　下体部分

1.1.3　挖掘机三大基础理论系统

液压挖掘机的最大特点是采用液压传动原理，液压传动系统是将柴油机输出的动力通过液压系统传递给工作装置、回转装置和行走机构等。液压挖掘机主要由机械原理、液压原理和电原理三大理论基础构成一个整体，是机、电、液一体化的实践应用，如图1-5所示。

液压挖掘机的主要运动有整机行走、转台回转、动臂升降、斗杆收放、铲斗转动等，根据以上工作要求，把各液压元件用管路有

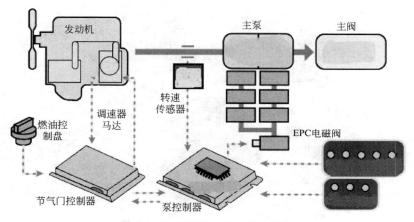

图 1-5　挖掘机机、电、液一体化

机地连接起来的组合体叫做液压挖掘机的液压系统，液压系统的功能是把发动机的机械能以油液为介质，利用油泵转变为液压能，传送给油缸、油马达等变为机械能，再传动各种执行机构，实现各种运动。液压挖掘机的液压系统常用的有定量系统、分功率变量系统和总功率变量系统。总功率变量系统是目前液压挖掘机最普遍采用的液压系统，通常选用恒功率变量双泵，液压泵的型号不同，采用的恒功率调节机构也不相同。

（1）动力系统

工程机械原动力使用柴油发动机的比较多，特别是大吨位、大功率的机械基本上都是使用柴油机。发动机基本结构是由两大机构和五大系统组成，即曲柄连杆机构、配气机构、供给系统、润滑系统、冷却系统、点火系统和启动系统等。而柴油发动机的结构大体上与汽油机相同，但由于使用的燃料不同，混合气形成和点燃方式不同，柴油机由两大机构、四大系统组成，没有化油器、分电器、火花塞，而另设喷油泵和喷油器等，如图 1-6 所示。有的柴油机还增设废气涡轮增压器等。

（2）液压系统

液压系统是挖掘机的主要特征之一，液压系统是液压传动系统

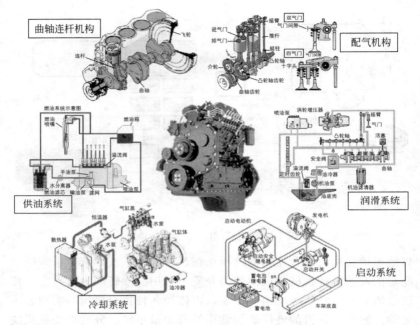

图 1-6　柴油发动机的结构系统

重要组成部分，液压系统通常由四部分元件组成，另加液体（液压油）为传动介质，构成一个系统整体。四部分元件为：动力元件、执行元件、控制元件、辅助元件。如图 1-7 所示。

① 动力元件。将机械能转化为液体压力能的元件。如挖掘机液压系统中液压泵即起此种作用。主要指的就是液压泵，它为液压系统提供油压压力。

② 执行元件。将液体的压力能转化为机械能的液压元件。挖掘机工作装置机构中的液压缸即起此种作用。在液压系统中常见的是作直线往复运动的液压缸或作回转运动的液压马达。

③ 控制元件。对液压系统的压力、流量和液流方向进行控制或调节的元件。挖掘机控制机构中的溢流阀、换向阀和平衡阀即属于此类元件。液压系统中的液压控制阀均为控制调节元件。

④ 辅助元件。上述三部分以外的其他元件。挖掘机液压系统

动力元件

控制元件

执行元件

图1-7　液压系统四种元件

中的油箱、吸油过滤器、回油过滤器属此类元件。液压系统中的油箱、油管、管接头、压力表、过滤器和冷却器等均为辅助元件，它们对保证系统的正常工作也有重要作用。

⑤ 液压油。在液压传动装置中，通常都采用矿物油（石油基液体）作为工作介质，它不但能传递能量，而且对液压装置的机构与零件起润滑作用。液压系统中液体的压力、流速和温度在很大范围内变化，油液的质量优劣直接影响着液压系统的工作，因而对工作液体性质的研究与工作液体的选择是十分重要的。

（3）电气控制系统

挖掘机电气控制系统是电气设备和电子控制系统的统称，其基本分为两大类，一是电气设备，主要有电源、启动机、点火系、仪表、灯光照明及信号设备；二是电子控制系统，主要有传感器、电控单元、执行机构三部分组成。如图1-8所示。

监控器

主控制器(MC)

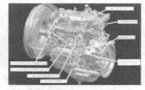
发动机控制模块(ECM)

信息控制器(ICF)

图 1-8　电气控制部件

① 电气设备。电气设备由电源系统、用电设备（启动系统、点火系统、照明装置、信号装置、辅助电器）、电气监控装置（各种仪表、报警灯）与保护装置（接线盒、开关、保险装置、插接件、导线）等组成。

电源系统由蓄电池、发电机、调节器、工作情况指示（充电指示）装置构成。

发电机作为挖掘机正常工作时的主要电源，除启动机外的用电装置供电，并向蓄电池充电。蓄电池作为挖掘机的第二电源，主要向启动机供电，并在发电机不发电或供电不足时，作为辅助供电电源。发电机的输出电压受调节器的调整，从而保持供电电压恒定。工作情况指示装置用于指示电源系统的工作情况，如发电机是否正常发电，蓄电池处于充电还是放电状态，调节器的工作电压是否正常等。如图 1-9 所示。

② 电子控制系统。挖掘机电子控制系统是以计算机为中心的高度自动化、集成化的控制系统，并随着挖掘机功能的不断增多而日见完善和复杂。电子控制系统包括硬件和软件两大部分，软件部分由机器本身自带。

挖掘机电子控制系统的硬件结构一般由三部分组成：信号输入装置、电子控制单元（ECU）和执行器，如图 1-10、图 1-11 所示。

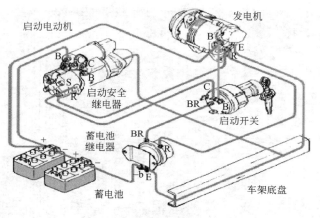

图 1-9   电源系统

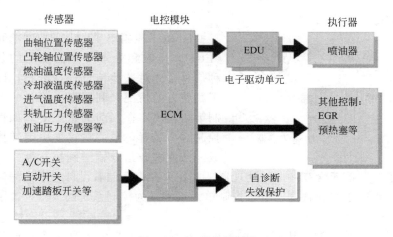

图 1-10   电子控制系统

a. 信号输入装置。信号输入装置的主要设备为传感器,传感器将装置的物理参数转换为电信号(数字式或模拟式),用以监测装置的运行情况和环境条件,并将这些信号输送到电子控制单元。换言之,传感器用各种电信号将一个虚拟的、与实际装置相同的"模拟装置"反映到控制系统中。传感器可被视为控制系统的神经,

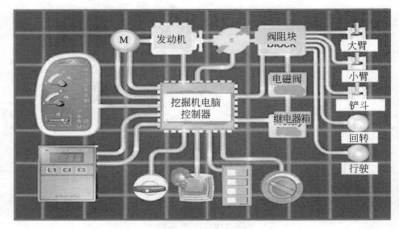

图 1-11　挖掘机计算机控制系统的基本组成

如图 1-12 所示。

图 1-12　转速传感器

b. 电子控制单元。电子控制单元（ECU）接收和处理传感器发出的各种信息，并对这些信息进行分析，以了解装置的情况。利用事先制订的控制策略，决定在当前的状态下该如何控制这个装置；最后将这种决定转换成一条或多条指令输送到执行器。电子控制单元含有一个微处理器，并在内存中存储着设计者事先编制的程序或控制软件。电子控制单元可被视为控制系统的大脑，如图 1-13 所示。

c. 执行器。执行器接收电子控制单元发来的各种指令，通过本身的设计，将电信号转变为执行器的动作（可为电器元件的动作，也可为某种机械运动），这些元件的动作将改变装置的运行条件，决定装置的运行和输出。电磁阀是执行器的一种形式，如图 1-14 所示。挖掘机电子控制的基本工作过程：挖掘机在运行时，各传感器不断检测挖掘机运行的工况信息，并将这些信息实时地通过输入接口传给 ECU。ECU 接收到这些信息后，根据内部预编的

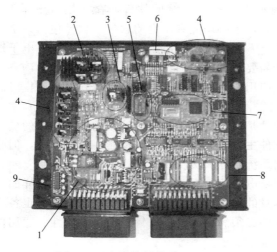

图 1-13　电子控制单元（ECU）

1—电源部；2—Motor 驱动部；3—EPPR v/v 电流驱动部；4—Solenoid 驱动部；
5—Anti-Restart 用 Relay；6—自诊 LED；7—CPU；8—Digital 信号输入部；
9—Serial（RS-232C）通信控制部

电磁线圈　O形环　来自自压减压阀　阀芯　去LS阀
　　　　　　　　（压力=33 kgf/cm²）

图 1-14　电磁阀

控制程序，进行相应的决策和处理，并通过其输出接口输出控制信号给相应的执行器，执行器接收到程序信号后，执行相应的动作，实现某种预定的功能。

③ 挖掘机电子控制系统的软件。在挖掘机电子控制系统中，除硬件设备外，还必须配有一定的软件。软件包括系统软件和应用软件两大部分。系统软件一般用得较少，只有装有电子地图一类的特殊装置才需要，这种软件一般都是通用的，如 DOS、Windows 操作系统。应用软件则要根据使用场合及硬件由挖掘机制造厂自己编制。

应用软件是为实现控制功能所编制的程序，它的核心是控制程序。应用软件主要根据被控对象和控制要求来编写，但必须由挖掘机电子控制系统设计人员自行编制。

在挖掘机电子控制系统中，控制对象都是不一样的，因此不仅控制系统本身的硬件配置不同，而且系统应用软件也各不相同，但控制应用软件必须满足实时性、针对性、灵活性、通用性和可靠性几个方面的基本要求。

1.2 挖掘机的分类

1.2.1 挖掘机的类型

根据用途的不同生产好多种，常见的挖掘机有：

① 按作业过程分为单斗挖掘机（周期作业）、多斗挖掘机（连续作业）。

② 按用途分为建筑型（通用型）、采矿型（专用型）。

③ 按动力分为电动、内燃机、混合型。

④ 按传动方式分为机械、液压、混合型。

⑤ 按行走装置分为履带式、轮胎式、汽车式。

⑥ 按工作装置分为正铲、反铲、拉铲、抓铲、吊装等。

现在世界上挖掘机生产厂家很多，销售最多的是日本的品牌，特别是 20～30t 履带挖掘机，日本占到 30% 以上，如小松、日立、神钢、加藤、住友都生产 20～30t 履带挖掘机。小松 PC200-7、日立 ZX200、神钢 SK200、住友 SH200 等挖掘机市场占有率很高。卡特挖掘机，是美国第一品牌，其代表产品 CAT320D 是 20t 级挖掘机最好的品牌，作业效率高，挖掘力大，适合于重负荷工作。德国是工程机械强国，其主要生产商有 O&K、德马克等，以生产正铲大型挖掘机为主，利勃海尔生产的挖掘机系列比较齐全，从小型到大型，从轮胎挖掘机到履带挖掘机都有生产。

　　进入 20 世纪 90 年代以来，国外挖掘机生产厂都到我国合资、独资建立挖掘机生产厂，例如卡特彼勒-徐州有限公司（20～30t）、小松山推工程机械有限公司（20～22t）、成都神钢建设机械有限公司（20～30t）、贵州詹阳机械有限公司、厦门雪孚工程机械有限公司、辽宁利勃海尔液压挖掘机有限公司、小松常林工程机械有限公司（30t、40t）。在我国市场销售挖掘机最多的韩国品牌是大宇挖掘机、现代挖掘机，大宇 DH220、现代 R210 挖掘机是他们的主要机型。

1.2.2 挖掘机型号

(1) 挖掘机的大小和质量

　　从型号得知挖掘机的大小和质量，如图 1-15 PC200 型号图标所示。

图 1-15　PC200 型号图标表示小松 20t

(2) 型号在挖掘机上通常表示的含义（见图 1-16）

　　如：PC60-6——质量 6t；

　　SH200-3——质量 20t；

　　SH35——质量 3.5t；

　　EX70-5——质量 7t。

　　但是，有个别国家生产的挖掘机不按这种国际标准执行，如美

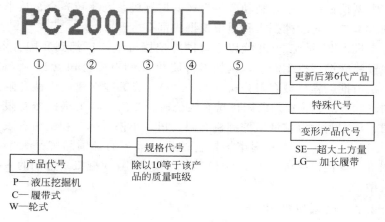

图 1-16　表示的含义

国的卡特系列 CAT320，其中 3 后边的 "20" 是该机的质量 20t，前边的 3 是指的工程机械类，如图 1-17 所示。所以个别含义是不一样的，要注意区别。我国是按国际标准执行的。

1-17　卡特 320D 表示 20t 的含义　图 1-18　小型挖掘机通常指 20t 以下
（不含 20t）

（3）挖掘机行业通俗的大中小分类叫法

挖掘机行业通常把 20t 以下（不含 20t）的叫小挖掘机，如卡特 1.5t 小挖掘机（见图 1-18）；把 20～30t（不含 30t）的叫中挖掘机，如图 1-19 所示；把 30t 以上（含 30t）的叫大挖掘机，如图 1-20 所示。

图 1-19　中型挖掘机通常指 20～30t

图 1-20　大型挖掘机通常指 30t 以上（含 30t）

　　以上挖掘机的分类说法是工程机械行业的叫法，是一种大众通俗叫法。

1.3　挖掘机主要技术参数

　　液压挖掘机的基本参数包括：整机质量、标准斗容量、发动机功率、液压系统形式、液压系统的工作压力、行走机构的行走速度和爬坡能力、作业循环时间、最大挖掘力、最大挖掘半径、最大卸载高度和最大挖掘深度等，其中整机质量、斗容量和发动机功率为液压挖掘机的主要参数，具体含义见表 1-2。

表 1-2　液压挖掘机基本参数

名　　称	定　　义
整机质量	整机质量是指整机处于工作状态下的质量
标准斗容量	按铲斗内壁尺寸计算的平装斗容量和堆积部分的体积之和，平装斗容量和堆积部分的分界面称为标定面，标定面可能是平面，也可能是曲面
发动机功率	指发动机的额定功率(12h 工作)，即在给定转速和标准状况下，除本身及全部附件(包括风扇、散热器、空气滤清器、消声器、发电机、空压机等)消耗以外的净功率，计量单位为 kW(千瓦)
液压系统形式	主要指液压挖掘机选用的工作油泵形式，若选用的工作液压泵(主油泵)是定量泵，则该机液压系统形式为定量形式；若选用变量泵，则该机液压系统形式为变量形式

名　　称	定　　义
液压系统的压力	指主油路安全阀的溢流压力,即液压系统压力,计量单位为 MPa(兆帕)
爬坡能力	挖掘机以最大节气门进行爬坡,直至发动机最大功率输出或轮胎、履带滑移为止,最后折算出的最大爬坡角度或百分比,称为该机爬坡能力
接地比压	指履带式挖掘机整机质量与履带接地面积之比,或轮胎式挖掘机的轮荷与其接地面积之比,计量单位为 MPa(兆帕)
循环作业时间	指挖掘按一定的回转角度(90°,180°)完成挖掘→提升→回转→卸载→回到开始挖掘的位置的整个循环所需用的时间,计量单位为 s(秒)
最大挖掘高度	指工作装置处于最大举升高度时,铲斗齿尖到停机面的距离,如图 1-21 的 HH_2,计量单位为 m(米)
最大挖掘半径	在挖掘机纵向中心平面上,铲斗齿尖距机器回转中心的最大距离,如图 1-21 的 RR_1,计量单位为 m(米)
停机面最大挖掘半径	指在停机面上,从回转中心到工作装置铲斗斗齿尖端的最远距离,如图 1-21 中的 RR_2,计量单位为 m(米)
停机面最小挖掘半径	指在停机面上,从回转中心到工作装置铲斗齿尖端的最近点距离,如图 1-21 中的 RR_4,计量单位为 m(米)。
最大卸载高度时的半径	指当动臂、斗杆处于最高位置时,从回转中心到工作装置铲斗齿尖所通过的轨迹最低点的水平距离,如图 1-21 中的 RR_5,计量单位为 m(米)
最大挖掘高度时的半径	指当工作装置处于最大挖掘高度时,回转中心到斗齿尖的水平距离,如图 1-21 中的 RR_6,计量单位为 m(米)
停机面水平最小半径	指将铲斗斗前臂置于停机面上,从回转中心到铲斗斗齿前端所能达到的最近点的水平距离,计量单位为 m(米)
最大挖掘深度	指从动臂处于最低位置时,斗齿尖、铲斗和斗杆铰点中心,斗杆和动臂铰点中心这三点在一条直线上,且垂直于停机面时,斗齿尖与停机面的最大距离,如图 1-21 的 HH_1,计量单位为 m(米)
最大挖掘半径时的高度	指斗杆油缸全收时,升降动臂过程中,斗齿尖的运动轨迹中的水平位置,最远点到停机面之间的距离,如图 1-21 中的 HH_3,计量单位为 m(米)
最大挖掘深度时的半径	指从回转中心线到工作装置斗齿尖所能达到的最深点之间的水平距离,如图 1-21 中的 RR_3,计量单位为 m(米)

名　称	定　义
最大卸载高度	指动臂、斗杆处于最大举升高度，翻转后的斗齿尖处于最低位置时，斗齿尖到停机面的距离，如图1-21中的 HH_4，计量单位为 m（米）
最大挖掘力	液压系统工作压力工作的铲斗油缸（或者斗杆油缸）所能发挥的最大斗齿切向挖掘力称为该工作油缸的最大理论挖掘力（不计效率、背压、自重及土重），简称最大挖掘力

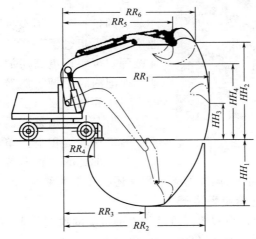

图 1-21 反铲（工作装置）的作业参数含义

1.4 挖掘机特点及发展趋势

（1）挖掘机的多功能化

目前挖掘机多功能的应用与配套已相当成熟，20t级以下挖掘机多功能应用基本都非常普遍，除了常规的破碎锤、液压剪、蛤式斗及各种抓斗外，螺旋钻、倾斜斗、破碎斗、开沟机、振动夯、割草机等应用也很多。

这些装置靠液压快换接头实现。国外除了有很多的专业生产属具的厂家，同时也有一些著名的主机制造商也纷纷开发具有自主知识产权的属具，典型的如凯斯、利勃海尔等。目前我国应用相对单调，究其原因大概有两点：一是国内配套商缺乏，国外采购价格高，用户不易接受；另一个就是主机厂宣传不够，用户还不知挖掘机原来可以这么用。

图1-22　小松 PC350LC
加长臂工作装置

值得一提的是，还有很多厂家推出了特殊工作装置，如小松 PC350LC 加长臂工作装置，包括配有快换接头的可以整体更换的工作装置，如图1-22所示。配有这种加长臂等特殊工作装置的挖掘机可用在拆除等施工作业中，大大超过了普通工作装置的作业范围，可实现更高层的建筑拆除作业。而国内的挖掘机制造商，也都纷纷在室内和室外展出了各自的挖掘机产品，但是，与国外产品相比，国内生产的工作装置稍显简单，主要以标准铲斗等常规的工作装置为主，在设备的多功能方面与国外的著名厂家还存在很大差距。

（2）挖掘机的紧凑型发展

众所周知，小型挖掘机是紧凑型机器的典型代表，而其中的小回转和无尾型挖掘机更是其中的佼佼者。一般而言，这种紧凑型多在10t以下。在某届展会上，久保田、竹内、洋马、小松等厂家展出了无尾的小型挖掘机。而近几年随着工程施工现场的多样化要求，国外的著名厂家还在中型挖掘机上大做文章，因此，在展会现场，有多家挖掘机厂家为满足市场的多样化要求，推出了较大吨位的小尾型产品，如卡特316E、小松PC228us等。因此，不难看出，紧凑型挖掘机在未来的市场中将成为一种强有力的竞争机型。如图1-23和图1-24所示。

（3）挖掘机的智能化

随着机电一体化技术在工程机械上的广泛应用，智能化已经成为工程机械的一种发展趋势，对于挖掘机的智能化提法，可以说是非常熟悉了。与前几届的国际大型展会相比较，INTERNET2012

图 1-23　卡特彼勒无尾型挖掘机

图 1-24　小松无尾型挖掘机

现场展出更多的产品具有一定的智能化特点，如图 1-25 所示。与历届展会类似的是，工程机械智能化的专业公司中最为突出的仍然是拓普康、天宝和 LEICA 公司，相比较之下，前两者的市场占有份额更大些。

图 1-25　阿特拉斯节能型挖掘机

　　另外，很多的主机制造商也非常注重挖掘机的信息化研究、故障记录及诊断系统。在这方面做得比较突出的如小松，采取了远程故障诊断与故障分析系统，提供多种模式的故障判读与解决方式，可通过远程的故障诊断系统，实时的对整机的状态进行监控，并及时与机主或者操作手联系、保养或者排除故障，而其售后的技术人员还配有手持式的终端，通过手持终端与整机的控制系统连接后，下载所有的故障数据，进行离线分析，了解整机状态，提供合理的建议及解决方案。此外，节能成为挖掘机的突出竞争点之一。

　　中大型挖掘机传统方法普遍采用电喷发动机，多数都具有功率模式控制，基本原理是采用多挡的功率模式供选择，操作手可以利用自身的经验，在不同的工况下采用不同的功率模式，达到充分利用发动机功率、降低油耗的目标，有效地提高了整机的燃油经济性，自动怠速功能早已成为常见功能。因此，新能源新技术在挖掘机行业上有着广阔的市场前景，混合动力技术成为各主机厂家争相研发的核心之一。较为突出的是阿特拉斯展示了一款动臂势能回收轮挖 ATLAS 160W，该机型工作装置为三节臂及油缸为标准配置，只采用一个蓄能器，增加了一套独立的配油系统，和一个中央控制器，将动臂下降的势能进行回收储存，通过智能控制程序在挖掘机需要动力时进行释放。

第**2**章
挖掘机安全作业与基本要求

挖掘机作为一种机动灵活的工程施工工具，在现代生活中的作用不可忽视，安全作业显得十分重要。挖掘机驾驶员要把安全驾驶操作放在首位，树立安全作业意识，自觉遵守挖掘机安全操作规程，熟练掌握驾驶操作技术，提高维护保养能力，使挖掘机处于良好的技术状态，确保驾驶作业中人身、车辆和施工安全。否则会造成机毁人亡的伤害事故，如图2-1所示。

图 2-1　人身、车辆和施工安全事故

2.1　挖掘机驾驶员的素质和职责

随着经济的快速发展，挖掘机数量越来越多，挖掘机驾驶员队伍迅速扩大，努力提高驾驶员的素质是保证人身、车辆和货物安全的关键。挖掘机驾驶员必须是年满18周岁、身高155cm以上，初中以上文化程度。经过专业培训，并考核合格，取得《特种设备作业人员证》后，方可单独驾驶操作。

2.1.1 挖掘机驾驶员的基本素质

(1) 思想素质过硬

① 责任意识较强。挖掘机驾驶员必须热爱本职工作、忠于职守、勤奋好学，对工作精益求精，对国家、单位财产以及人民生命安全高度负责，安全、及时、圆满地完成各项任务。

② 驾驶作风严谨。挖掘机驾驶员应文明装卸、安全作业，认真自觉地遵守各项操作规程。道路好不逞强，技术精不麻痹，视线差不冒险，有故障不凑合，任务重不急躁。

③ 职业道德良好。挖掘机驾驶员工作时，应安全礼让，热忱服务，方便他人。作业中能自觉搞好协同，对不同货物能采取不同的装卸方式，不乱扔乱摔货物。

④ 奉献精神突显。挖掘机驾驶员职业是一个艰苦的体力劳动与较复杂的脑力劳动相结合的职业，要求驾驶员在工作环境恶劣、条件艰苦的场合和危急时刻，要有不怕苦、不怕脏、不怕累的奉献精神，还要有大局意识、整体观念和舍小顾大的思想品质。

(2) 心理素质优良

① 情绪稳定。当驾驶员产生喜悦、满意、舒畅等情绪时，他的反应速度较快，思维敏捷，注意力集中，判断准确，操作失误少。反之，当他产生烦恼、郁闷、厌恶等情绪时，便会无精打采，反应迟缓，注意力不集中，操作失误多。因此要求驾驶员要及时调控好情绪，保持良好的心境。

② 意志坚强。意志体现在自觉性、果断性、自制性和坚持性上。坚强的意志可以确保驾驶员遇到紧急情况，能当机立断进行处理，保证行驶和作业安全；遇有困难能沉着冷静，不屈不挠。

③ 性格开朗。性格是人的态度和行为方面比较稳定的心理特征，不同性格的人处理问题的方式和效果不一样。从事挖掘机驾驶

工作，必须热爱生活，对他人热情、关心体贴；对工作认真负责，富有创造精神；保持乐观自信，能正确认识自己的长处和弱点，以利于安全行驶和作业。

（3）驾驶技术熟练

① 基础扎实。驾驶员具有扎实的基本功，能熟练、准确地完成检查、启动、制动、换挡、转向、挖掘、行走、停车等操作，基本功越扎实，对安全行驶和作业越有利，才能做到眼到手到，遇险不惊、遇急不乱。

② 判断准确。驾驶员能根据行人的体貌特征、神态举止、衣着打扮等来判断行人的年龄、性别和动向，能判断相遇车型的技术性能和行驶速度，能根据路基质量、道路宽度来控制车速，能根据质量和重心等判断挖掘机和货物所占空间，前方通道是否能安全通过，对会车和超车有无影响等。

③ 应变果敢。挖掘机在行驶和作业过程中，情况随时都在变化，这就要求驾驶员必须具备很强的应变能力，能适应行驶和作业的环境，迅速展开工作，完成作业任务，保证人、车和货物的安全。

（4）身体健康

挖掘机驾驶员应每年进行一次体检，有下列情况之一者，不得从事此项工作：

① 双眼矫正视力均在 0.7 以下；色盲。

② 听力在 20dB 以下。

③ 中枢神经系统器质性疾病（包括癫痫）。

④ 明显的神经官能症或植物神经功能紊乱。

⑤ 低血压、高血压（低压高于 90mmHg、高压高于 130mmHg）贫血（血色素低于 8g）。

⑥ 器质性心脏病。

2.1.2 挖掘机驾驶员的职责

① 认真钻研业务，熟悉挖掘机技术性能、结构和工作原理，提高技术水平，做到"四会"，即会使用、会养修、会检查、会排

除故障。

② 严格遵守各项规章制度和挖掘机安全操作规程、技术安全规则，加强驾驶作业中的自我保护，不擅离职守，严禁非驾驶员操作，防止意外事故发生，圆满完成工作任务。

③ 爱护挖掘机，积极做好挖掘机的检查、保养、修理工作，保证挖掘机及机具、属具清洁完好，保证挖掘机始终处于完好技术状态。

④ 熟悉挖掘机装卸作业的基本常识，正确运用操作方法，保证作业质量，爱护装卸物资，节约用油，发挥挖掘机应有的效能。

⑤ 养成良好的驾驶作风，不用挖掘机开玩笑，不在驾驶作业时饮食、闲谈。

⑥ 严格遵守挖掘机的使用制度规定，不超载，不超速行驶，不酒后驾驶，不带故障作业，发生故障及时排除。

⑦ 多班轮换作业时，坚持交接班制度，严格交接手续，做到四交：交技术状况和保养情况；交挖掘机作业任务；交清工具、属具等器材；交注意事项。

⑧ 及时准确地填写《挖掘机作业登记表》、《挖掘机保养（维修）登记表》等原始记录，定期向领导汇报挖掘机的技术状况。

⑨ 挖掘机上路行驶时，应严格遵守交通规则，服从交通警察和公路管理人员的指挥和检查，确保行驶安全。

⑩ 驾驶员在驾驶作业中，要持《挖掘机操作驾驶证》，不准无证件操作挖掘机。

2.2 驾驶操作安全要求

挖掘机安全操作规程是对挖掘机驾驶员和挖掘机施工作业效能的保证，是防止发生人身事故和机械事故的保证。大多数事故都是由于不遵循操作和维修机器的基本安全规程所造成的。所以，在操作和维护工作之前必须理解和遵循所有安全操作规程、注意事项和警告事项。

挖掘机安全操作规程主要分为：驾驶资格的规定、驾驶环境的规定、驾驶员操作技术的规定、挖掘机技术状况的规定和一些特殊情况的规定。

2.2.1 驾驶资格的规定

(1) 驾驶员资格的规定（见表2-1）

表2-1 驾驶员资格的规定

①性别年龄的要求　年满18岁、身体健康

②证件　驾驶员必须经过一定的技术训练，了解本机的构造、性能、用途，熟悉安全操作和技术保养规程，身体健康，精神正常，并经考试合格方可单独操作。学习人员只有在司机指导下才准操作

③工作服和操作人员防护用品　不要穿戴宽松的衣服和饰品。它们有挂住操纵杆或其他凸出部件的危险。

如果头发太长，并伸出安全帽，会有缠入机器的危险。因此要将头发扎上，注意不要让头发缠住机器。

始终要戴安全帽、穿安全鞋。在操作或保养机器时，如果工作需要，要戴安全眼镜、面罩、手套、耳塞以及安全带。

在使用前，要检查所有保护装置的功能是否正常

④安全第一意识　粗心与松懈易于导致事故和伤害，小心会保护你自己。必须知道急救箱的存放处，并且要学会如何使用灭火器和在其他紧急情况下的营救设备。还必须知道若发生事故应通知何人

(2) 挖掘机基本性能规定（表 2-2）

表 2-2　挖掘机基本性能规定

①如果发现异常　如果在操作或保养过程中发现任何异常（噪声、振动、气味、不正确的仪表显示、烟、漏油等，或在报警装置或监控器上的任何显示）要向主管人员报告并要采取必要的措施。在故障纠正之前，不要操作机器

②灭火器和急救箱　为防备万一发生的伤害或火灾，一定要遵守下列注意事项：
　　确保备有灭火器并要阅读标牌，以保证在紧急情况时知道怎样使用。
　　要进行定期检查和保养以保证灭火器能随时使用。
　　要在储存处配备急救箱，进行定期检查，必要时添加药品

③保持驾驶室的清洁　当进入驾驶室时，一定要除去鞋底的泥和油。如果在鞋底粘着泥或油的情况下操作踏板，脚会打滑，可能造成严重的事故。
　　不要把零件或工具落在驾驶室的周围。
　　不要把吸垫粘在窗玻璃上。吸垫起放大镜的作用，会造成火灾。
　　当驾驶或操作机器时，不要在驾驶室内使用手机。
　　不要把危险物品如易燃或易爆品带入驾驶室

④要在锁定的情况下离开驾驶座椅　在从驾驶座椅站起前（如当打开或关上前窗或顶窗时，或当拆下或安装底窗时，或当调整座椅时）要将工作装置完全降至地面，将安全锁定操纵杆 1 牢固地扳到锁定位置。然后关闭发动机。如果意外地碰到没有锁定的操纵杆，有机器突然移动并造成重伤或机器损坏的危险

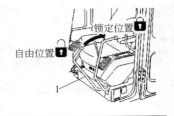

当离开机器时，一定要将工作装置完全降至地面，将安全锁定操纵杆 1 牢固地扳到锁定位置，然后关闭发动机。用钥匙锁住所有设备。把钥匙拿下来并放在规定的位置

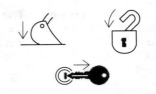

⑤扶手和阶梯 为防止由于打滑或从机器上跌落而造成的人员伤害,要按以下要求去做:

当上、下机器时,要使用右图中用箭头标注的扶手和阶梯

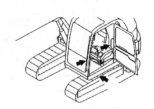

为保证安全,要面朝机器并保持三点(两只脚一只手或两只手一只脚)与扶手和阶梯(包括履带板)接触以保证支撑住自己。

上下机器时,不要抓握操纵杆。

当爬上机器的顶端时,只能利用装有防滑垫的检查通道。不要爬上没有防滑垫的发动机罩或盖。

上、下机器前,要检查扶手和阶梯(包括履带板)。如果扶手或阶梯(包括履带板)上有油、润滑脂或泥,要马上擦掉。要保持这些部件的清洁。如有损坏,要进行修理,并将松动的螺栓拧紧。

不要在手里握着工具时上、下机器

⑥附件上不许有人 不要让任何人坐在铲斗、抓斗、蛤壳式抓斗或其他附件上,因为有跌落或造成重伤的危险

2.2.2 驾驶环境的规定

(1) 环境情况 (见表2-3)

表2-3 环境情况下规定

看地面	①工作场地的安全 开始操作前,要彻底检查工作区域是否有任何异常的危险情况。 当在可燃材料如茅草屋顶、干叶或干草附近进行操作时,有发生火灾的危险,因此操作时要小心。 检查工作场地地面的地形和情况,并确定最安全的操作方法。 不要在有塌方或落石危险的地方进行操作。 如果在工作场地下面埋有水管、气管或高压电线,要与各公用事业公司联系并标出它们的位置,注意不要挖断或损坏任何管线。 采取必要的措施,防止任何未经允许的人员进入工作区域。 当在浅水中或软地上行走或操作时,在操作以前,要检查岩床的类型和情况以及水的深度和流速 

看地面	②在疏松的地面上作业 避免在悬崖边、路肩和深渠附近行走或操作机器。在这种区域,地面很软,如果在机器的重量或振动作用下地面塌陷,会有机器陷落或倾翻的危险。要记住,这些地方在大雨、爆破以后或在地震后土质是软的。 当在堤坝上或在挖掘的沟槽附近作业时,存在着由于机器的重量和振动造成土质塌陷的危险。在开始操作前,要采取措施,以保证地面安全并防止机器倾翻或跌落	
了解地下	封闭区域的通风:发动机的排气可以致命。如果必须在封闭的区域内启动发动机或处理燃油、清洗油或油漆时,为防止气体中毒,要打开门和窗户以保证足够的通风	
看天上	不要靠近高压电缆:不要在电缆附近行走或操作机器,这样会有遭电击、造成重伤或事故的危险。在可能靠近电缆的工作场地,要按下列步骤去做: 在电缆附近开始工作前,要通知当地电力公司将要进行的作业,并请他们采取必要的措施。 即使靠近高压电缆,也会遭受电击,造成严重的烧伤甚至死亡。在机器与电缆之间一定要保持一个安全距离。开始操作前,要与当地电力公司一起检查有关安全操作的措施。 为了对可能发生的意外事故有所准备,要穿上胶鞋并戴上橡胶手套。在座椅上铺一层橡胶垫并注意身体的外露部分不要触到底盘。 如果机器与电缆靠得太近,要有一名信号员以发出警告。 当在高压电缆附近作业时,不要让任何人靠近机器。 如果机器与电缆靠得太近或触到电缆,为防止电击,操作人员在已确保电缆已被切断前,不要离开驾驶室。 另外,不要让任何人靠近机器	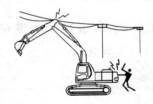
	确保良好的视线:为确保可以安全地进行操作或行走,要检查机器周围区域内是否有人或障碍物,并检查工作场地的情况。要按下列步骤去做: 如果在机器的后部区域视线不好,要安排一名信号员。 当在黑暗的地方作业时,打开装在机器上的工作灯和前灯,必要时在作业区域内设置辅助照明。 如果视线不好,如有雾、下雪、下雨或有灰尘时,要停止操作	

(2) 安全范围人员情况（见表 2-4）

表 2-4　安全范围人员情况

指挥信号员	指挥人员、信号员的信号和手势：在路肩或松软地面要设置标志，如果视线不好，必要时安排一名信号员。操作人员应特别注意标志，并听从信号员的指挥。 只能由一名信号员发出信号。 开始作业前，确保所有工人了解所有信号和手势的含义
驾驶员	驾驶室紧急出口：如果由于某种原因驾驶室的门不能打开，可以打开后窗，用它作为紧急出口
闲杂人员	石棉粉尘危险的预防：如果吸入空气中的石棉粉尘会导致肺癌。当在工作场地从事拆除作业或处理工业废弃物时，有吸入石棉的危险。一定要遵照下列要求去做。 当清洁时，要喷水降尘，不要用压缩空气清洁。 如果空气中可能含有石棉粉尘，一定要在上风头位置操作机器，所有人员应使用合格的滤尘口罩。 操作过程中，不允许其他人员接近。 要遵守工作场地的法规、规定以及环境标准。 某些机器不使用石棉，但假冒零件可能含有石棉，因此一定要使用纯正的原厂零部件

2.2.3　驾驶员操作技术的规定

驾驶员操作技术的规定见表 2-5。

表 2-5　驾驶员操作技术的规定

用铲斗提升物体	提升物体的安全规则： 不要在斜坡、松软地面或其他机器不稳定的地方进行提升作业。 要使用符合规定标准的钢丝绳。 不要超出规定的提升负荷。 如果负荷碰到人或建筑物，是很危险的。在机器回转或转弯前，要仔细检查周围区域是否安全。 不要突然启动、回转或停住机器，这样提升的负荷有摆动的危险。 不要向侧面或朝机器拉动负荷。 当提升负荷时，不要离开操作人员座椅	 

用铲斗提升物体	当与其他人一起工作时,要指定一名指挥。 当修理机器或当拆卸、安装工作装置时,要指定一名指挥并在操作中听从他的指挥。 当与其他人一起工作时,相互之间不了解会导致严重事故	
在机器下面工作	如果需要到机器或工作装置下面进行保养时,要用强度足以支撑工作装置和机器重量的垫块和支架牢固地支撑住工作装置和机器。 如果履带板离开地面,机器仅靠工作装置支撑,在机器下面工作是非常危险的。如果错误地碰到操纵杆或液压管路有危险,工作装置或机器会突然落下。这是非常危险的。如果没有用垫块或支架把机器适当地支撑住,不要在机器下面工作	
人员	只有经过批准的人员可以维护或修理机器。 不允许未经批准的人员进入这个区域。 如果必要,可安排一名观察员。 在开始拆卸或安装附件前,要指定一名指挥。 要将已从机器上拆下的附件放在一个稳定的地方,使附件不会倒下。并要采取措施,防止未经许可的人员进入存放区域	
焊接作业	必须由合格的焊工进行焊接操作,并装有适当的设备,当进行焊接时,有发生火灾或触电的危险。因此,不允许不合格的人员进行焊接	
拆卸蓄电池端子	当修理电气系统或进行电焊时,要拆下蓄电池的负极(一)端子,以防止电流的流动	

调速履带张力	当用高压润滑脂调整履带张力时,首先要注意安全润滑脂是在高压状态下压入履带张力调整系统的。当进行调整时,如果没有遵守规定的保养程序,润滑脂排放塞1会飞出,造成严重的伤害或财产损坏。 当为了放松履带张力松开润滑脂排放塞1时,拧松排放塞不要超过一圈,要缓慢地拧松润滑脂排放塞。 不要使面部、手、脚或身体的其他部分靠近润滑脂排放塞 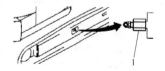
张紧弹簧	不要拆卸张紧弹簧。张紧弹簧总成是用来减轻张紧轮的冲击力的,它包括一个高压弹簧,因此如果错误地将其拆卸,弹簧会飞出,造成严重伤害甚至死亡。所以不要拆卸张紧弹簧
高压油	液压系统内部始终是有压力的。当检查或更换管路或软管时,一定要检查液压油路内的压力是否已经释放。如果油路依然有压力,会造成严重的伤害或损坏,因此要按照下列规定去做。 当液压系统内有压力时,不要进行检查或更换工作。 如果管路或软管有任何泄漏,周围区域是湿的,就一定要检查管路或软管是否破裂,以及软管是否膨胀。当进行检查时,要戴护目镜和皮手套。 从小孔泄漏的高压油会透入皮肤,如果直接接触到眼睛会有失明的危险。如果被高压油流击中皮肤或眼睛而遭到伤害,要用干净水冲洗并马上与医生联系治疗
高压软管	如果高压软管漏油或燃油,会造成火灾或操作故障,导致严重的伤害或损坏。如果发现螺栓松动,要停止作业并将螺栓拧紧到规定的力矩。如果发现软管有任何损坏,要马上停止操作,并与经销商联系。 如果发现有下列问题,要更换软管: • 液压管接头损坏或泄漏; • 包层磨破或断开,或加强层钢丝外露; • 包层有些地方膨胀; • 可移动部分扭曲或压坏; • 包层内有杂质

2.2.4　挖掘机正确驾驶的规定

挖掘机正确驾驶的规定见表2-6。

表2-6　挖掘机正确驾驶的规定

启动发动机前	如果工作装置操纵杆上挂有警告标牌,不要起动发动机或接触操纵杆
启动前的检查	在开始日常工作时,启动发动机前要进行下列检查: 擦去窗玻璃表面上的灰尘,以保证良好的视线。 擦去前照灯和工作灯透镜表面的灰尘并检查它们是否正常。 检查冷却液液位、燃油油位和发动机油底壳内的机油油位。检查空气滤清器是否堵塞,并检查电线是否损坏。 将操作人员座椅调整到易于进行操作的位置,并检查座椅安全带或固定夹是否损坏或磨损。 检查仪表工作是否正常,检查灯和工作灯的角度并检查操纵杆是否全部处在中位。 启动发动机前,检查安全锁定操纵杆是否处在锁定位置。 调整后视镜,以便可以从驾驶室座椅上清楚地看到机器的后部。 检查在机器的上面、下面或在机器的周围区域没有人员或障碍物
启动发动机的安全规则	启动发动机时,要鸣喇叭作为警告。 只允许坐在座椅上起动或操作机器。 除操作人员外,不允许任何人坐在机器上。 不要采用使启动电动机电路短路的方式启动发动机,这样做不仅危险,还会造成设备的损坏

寒冷天气启动	要彻底进行预热操作。如果在操作操纵杆前机器没有彻底预热,机器会反应迟钝,这会导致意外的事故。 如果蓄电池电解液冻结,不要给蓄电池充电或用不同的电源启动发动机,这样做会有蓄电池着火的危险。 在充电或用不同的电源启动发动机前,要使蓄电池电解液溶化,在启动前要检查蓄电池电解液是否冻结和泄漏
启动发动机后	启动发动机后的检查: 当进行检查时,将机器移到一个没有障碍物的宽阔区域,并缓慢地操作。不允许任何人靠近机器。 一定要系上安全带。 检查机器的动作与控制模式卡片上的显示是否一致。如果不一致,马上用正确的控制模式卡片更换。 检查仪表和设备的操作,并检查铲斗、斗杆、动臂、行走系统、回转系统和转向系统的操作。 检查机器的声音、振动、加热、气味或仪表是否有任何异常,检查机油或燃油有无泄漏。 如发现任何异常,要马上进行修理
改变机器方向	行走前,要把上部车体安置在适当的位置,使链轮处在驾驶室的后方。 如果链轮处在驾驶室的前方,操作方向正好相反(例如:前进变成倒退,左侧变成右侧)。 行走前,要再检查周围区域内没有人并且没有任何障碍物。 行走前,要鸣喇叭警告区域内的人。 只能坐在座椅上操作机器。 除操作人员外,不允许任何人搭乘机器。 检查行走报警装置(如果装备)工作是否正常。 要把驾驶室的门或车窗锁定在位置(打开或关闭)上。 在有飞落物进入驾驶室的危险的工作场地,要检查机器的门、窗是否关严。 如果在机器的后部有一块看不到的区域,要安排信号员。当机器转弯或回转时,要特别注意不要碰到其他机器或人员。 即使机器装有后视镜,也要遵守上述注意事项	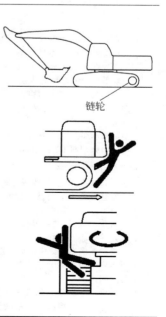 链轮

在斜坡上行走	为防止机器倾翻或侧滑，要遵照如下要求去做： 当在斜坡上行走时，要使工作装置保持距地面 20～30cm（8～12in）。在紧急情况下，可以迅速将工作装置降至地面以帮助停住机器。 当上坡行走时，要将驾驶室调到面朝上坡方向。当下坡行走时，要将驾驶室调到面朝下坡方向。 当行走时，一定要检查机器前方地面的硬度 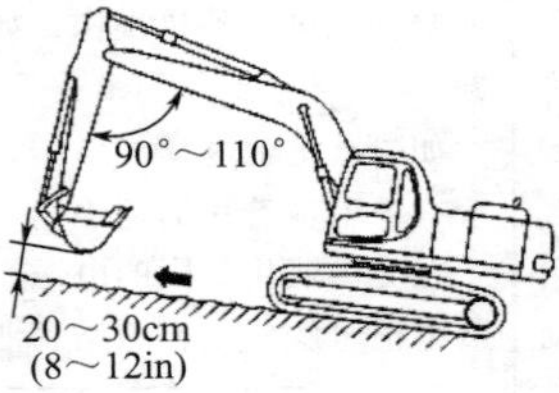
	当下坡时，要降低发动机转速，使行走操纵杆保持在靠近"中位"的位置，并以低速行走 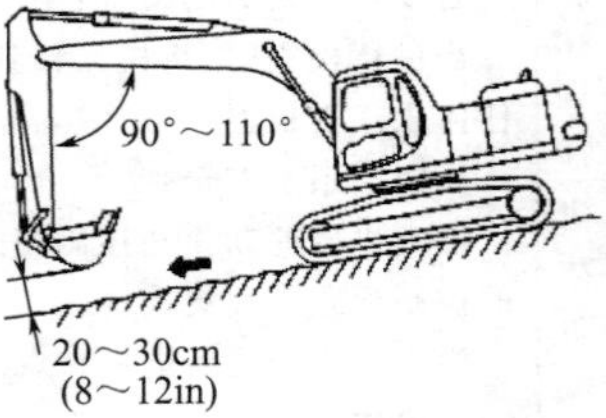
	当上陡坡时，要将工作装置伸向前方，以增进平衡，要使工作装置保持距地面 20～30cm（8～12in）并以低速行走 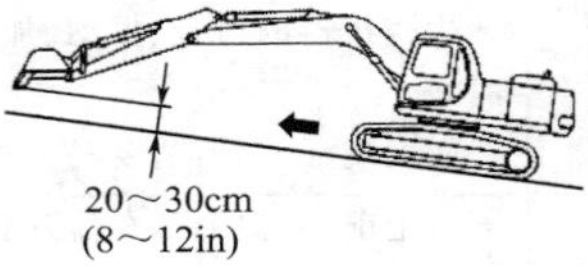
	在斜坡上行走时要直上、直下，在斜坡上转向或横穿斜坡是非常危险的。 不要在斜坡上转弯或横穿斜坡。一定要下到一块平坦的地方改变机器的位置，然后再上斜坡。 要以低速在草地、落叶或湿钢板上行走，因为即使在很小坡度的情况下，机器也有打滑的危险。 如果机器正在斜坡上行走时发动机熄火，要马上将操纵杆移到"中位"，重新启动发动机 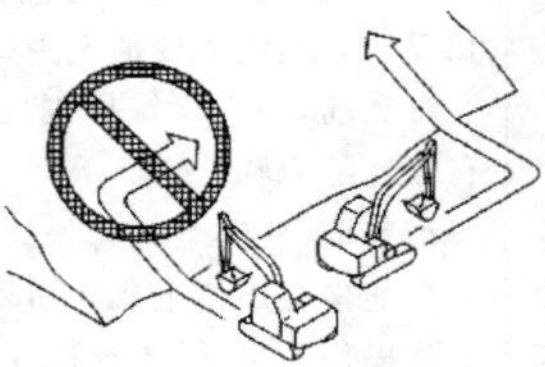
	在斜坡上操作： 在斜坡上作业时，当操作回转或工作装置时，机器会有失去平衡及倾翻的危险。这会造成严重伤害或设备损坏。 因此，当进行这些操作时，应提供一块平坦的地方并要小心操作。 当铲斗满载时，不要使工作装置从上坡一侧回转到下坡一侧。这样操作是危险的，会使机器倾翻。 如果机器必须在斜坡上使用时，要用土堆起一个尽可能保持机器水平的平台 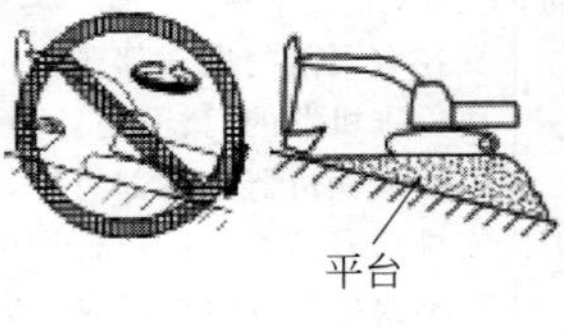

2.2.5 禁止操作的规定

禁止操作的规定见表 2-7。

表 2-7 禁止操作的规定

<table>
<tr><td rowspan="6">禁止的操作</td><td>不要挖掘悬空部分下方的工作面,这样会有落石或悬空部分塌方,砸到机器上的危险</td><td></td></tr>
<tr><td>在机器前下方不要挖得太深。否则,机器下面的地面可能会塌陷使机器跌落</td><td></td></tr>
<tr><td>当进行挖掘操作时,要将履带调整到与路肩或悬崖成直角并且链轮在后面位置,以便在出现任何情况时,机器容易撤离</td><td></td></tr>
<tr><td>不要在机器下面进行拆除作业,这会使机器不稳定并有倾翻的危险。
当在建筑物或其他结构的上部作业时,在开始作业前,要检查结构的强度。
存在建筑物倒塌并造成严重的伤害或损坏的危险</td><td></td></tr>
<tr><td>当进行拆除作业时,不要进行头顶上方的拆除。这会有破碎部分下落或建筑物倒塌并造成严重伤害或损坏的危险</td><td>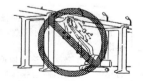</td></tr>
<tr><td>不要用工作装置的冲击力进行破碎作业。这样会有破碎材料的飞块造成人员伤害或损坏工作装置的危险。
一般来讲,工作装置在侧面时比它在前部或后部更容易发生倾翻</td><td></td></tr>
</table>

雪天操作	覆盖着雪的或结冻的表面是非常滑的。当行走或操作机器时,要特别小心,不要突然操作操纵杆。即使很小的斜坡也会使机器打滑。因此,当在斜坡上作业时,要特别注意。 对于结冻的地面,当气温升高时会变软,这会造成机器倾翻。 如果机器进入深雪,会有翻倒或埋入雪中的危险。注意不要离开路肩或陷入积雪中。 在清理雪时,路肩和道路附近的物体被埋入雪中不能看到,有机器倾翻或撞到被埋物体的危险,因此一定要小心操作
停放机器	将机器停放在坚实平整的地面上。 要选择没有落石或塌方危险或地势低,没有淹没危险的地方停放机器。 将工作装置完全降至地面 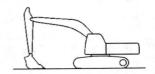 当离开机器时,要将安全锁定操纵杆1扳到锁定位置。然后关闭发动机。 为防止未经许可的人员移动机器,要关好驾驶室的门,并用钥匙锁上所有装置。要取下钥匙,随身带好,并将其放到规定的地方。 如果必须将机器停放在斜坡上,要遵照如下规定去做: • 将铲斗调整到下坡一侧,并将铲斗插入地面; • 在履带的下面放上垫块以防止机器移动 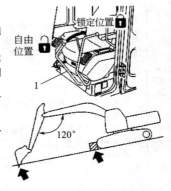
运输装车和卸车	当装、卸机器时,错误的操作会导致机器倾翻或下落,因此要特别注意,并按下列要求进行操作: • 只能在坚实平整的地面上进行装、卸机器的操作。要与道路边缘保持一个安全距离。不要使用工作装置进行装、卸机器的操作。否则会有机器倾翻或下落的危险; • 要使用具有足够强度的坡道。确保坡道具有足够的宽、长和厚度以提供一个安全的装车坡度。要采取适当的措施,防止坡道移位或脱开; 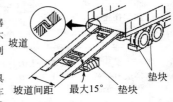

运输装车和卸车	• 确保坡道表面清洁，没有润滑脂、油、冰和松散物。要清除履带上的脏物。特别是在雨天，由于坡道表面湿滑，要非常小心； • 当在粗糙的地面上或陡坡上驾驶具有减速功能的机器时，要把减速开关关闭。如果在减速开关打开的情况下操作机器，发动机转速会提高，机器会突然移动，或行走速度加快； • 当装车或卸车时，要以低速运转发动机，慢慢地操作机器； • 在坡道上不要纠正行走方向。如必要，可驶下坡道纠正方向，然后再进入坡道； • 在坡道上时，除行走操纵杆外，不要操作其他任何操纵杆； • 在坡与拖车或挂车之间的接点处，机器的重心会突然改变，存在着机器失去平衡的危险。因此在越过这个部位时，要缓慢地行走； • 当利用路堤或平台装车或卸车时，要确保它具有适当的宽度、强度和坡度； • 当在拖车上回转上部车体时，拖车是不稳定的。因此要收回工作装置并缓慢地回转。机器装车后，要打开回转锁定开关施加回转锁定； • 对装有驾驶室的机器，装车后要把驾驶室门锁好。否则，在运输过程中，门会突然打开； • 装车后，要在履带下放上垫块并将机器拴牢
运输机器	当在拖车上运输机器时，要按下列要求去做： • 研究所有限制负荷重量、宽度和长度的规定和当地法规。必要时，分解工作装置。根据工作装置的不同，负荷的宽度、高度和重量是不同的。因此在确定运输路线时，要考虑到这一点； • 在经过桥梁或私人土地的建筑物时，首先要检查结构强度是否足以支撑机器的重量。当在公路上行驶时，要请有关部门检查，并遵照他们的指导
保养	在发动机运转时不要进行保养。如果必须在发动机运转的情况下进行保养，要至少两个人的情况下操作并按下列规定去做。 必须始终有一个人坐在操作人员座椅上并随时准备关闭发动机。所有人员必须相互保持联系 

保养	将安全锁定操纵杆1扳到锁定位置。 当靠近风扇、风扇传动带或其他旋转部件进行操作时,有被部件卷住的危险,因此要特别注意。 不要碰任何操纵杆,如果必须操作某个操纵杆,要向其他人发出信号,警告他们移到安全的地方。 不要把工具或其他物体掉入或插入风扇或风扇传动带。否则会使零件断裂或飞出	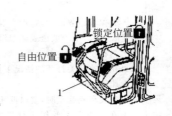 锁定位置 自由位置 1
蓄电池	蓄电池电解液含有硫酸,蓄电池产生易燃的可爆炸的氢气。错误的操作会导致严重伤害或火灾。因此一定要遵守下列注意事项: • 如果蓄电池电解液低于"低液位"线,不要使用蓄电池或给蓄电池充电。要定期检查蓄电池电解液液位,并补充蒸馏水,使电解液液位处在"上液位"线; • 当操作蓄电池时,要戴安全眼镜和橡胶手套; • 在蓄电池附近不准吸烟或使用明火; • 如果衣服或皮肤溅上硫酸,要马上用大量的水冲洗; • 如果硫酸进入眼睛,要立即用大量的水冲洗并立即就医; • 在操作蓄电池前,要将钥匙开关转到OFF位置	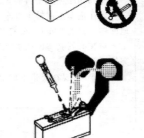

第 2 篇
挖掘机构造原理

第**3**章
挖掘机动力系统

挖掘机可分为提供动力和基本动作（行走和回转）的主机部分及进行不同作业动作的工作装置部分，主机又可分为行走装置、回转装置、液压系统、气压系统、电气系统和动力装置等部分。

挖掘机主要系统包括三大系统（发动机系统、液压系统、电气控制系统）和三大装置（回转装置、行走装置、工作装置）。图3-1所示为挖掘机主要系统。

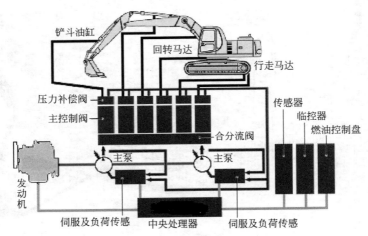

图 3-1　挖掘机主要系统

3.1　挖掘机动力装置

液压挖掘机的动力装置是发动机，多采用直立式多缸、水冷、一小时功率标定的柴油机，称为原动力（发动机）装置。图3-2所示为发动机系统图。

液压挖掘机的外负荷和工作速度经常急速变化，处于满负荷状态的时间长，有时要承受脉冲负荷和冲击负荷工作，其工作环境恶劣（经常是凹凸不平，灰尘多，温度变化大的野外环境）。因此，与液压挖掘机配套的柴油机应有足够的转矩储备系数和功率储备系数（标定功率为 1h 或 12h 的功率），能够适应较大范围的温度变化，还能适应在纵横向上

图 3-2　发动机系统

分别倾斜 20°与 35°的工地上长时间工作，同时应该配置全程调速器、油浸式三级空气滤清器，并采取适当的净化废气和降低噪声的措施。

挖掘机的动力源是发动机，它利用燃料燃烧后产生的热能使气体膨胀以推动曲柄连杆机构运转，并通过液压传动机构和执行机件驱动挖掘机工作。由于这种机器的燃料燃烧是在发动机内部进行的，所以称为内燃机。

挖掘机上使用的内燃机，大多数是往复活塞式内燃机，即燃料燃烧产生的爆发压力通过活塞的往复运动，转变为机械动力。

3.1.1　内燃机的分类

按照燃料分：汽油机、柴油机、煤气机、天然气机等；

按照着火方式分：点燃式内燃机、压燃式内燃机；

按照工作循环的行程数分：四冲程内燃机、二冲程内燃机。

按照汽缸排列方式分：直列式、V 形、对置式、横直式，见表 3-1。

按照冷却方式分：水冷式内燃机、风冷式内燃机；

按照活塞运动方式分：往复活塞式内燃机、旋转活塞式内燃机；

按照进气方式分：自然吸气式内燃机、增压式内燃机；

按照气缸数分：单缸内燃机、多缸内燃机；

按照转速分：高速内燃机、中速内燃机、低速内燃机；

按照用途分：工程机械用、汽车用、拖拉机用、船用、发电机用等。

表 3-1　内燃机及气缸排列方式

3.1.2 常用性能术语

内燃机常用性能术语见表3-2。

表 3-2 内燃机常用性能术语

1. 上止点	活塞顶离曲轴中心最远处,即活塞最高位置,称为上止点	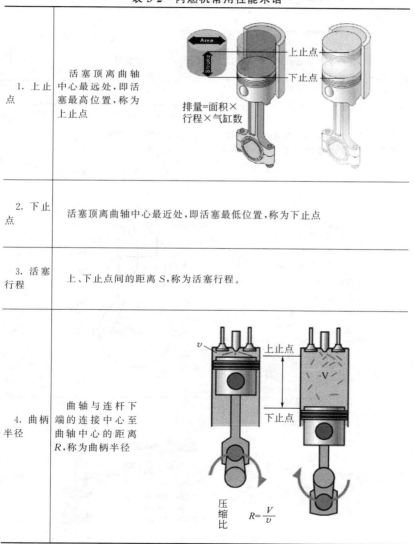
2. 下止点	活塞顶离曲轴中心最近处,即活塞最低位置,称为下止点	
3. 活塞行程	上、下止点间的距离 S,称为活塞行程。	
4. 曲柄半径	曲轴与连杆下端的连接中心至曲轴中心的距离 R,称为曲柄半径	

5. 气缸工作容积	活塞从上止点到下止点所扫过的容积，称为气缸工作容积或气缸排量。气缸工作容积等于气缸总容积减燃烧室容积
6. 气缸总容积 V	活塞在下止点时，其顶部以上的容积，称为气缸总容积。气缸总容积等于气缸工作容积加燃烧室容积
7. 燃烧室容积 v	活塞在上止点时，其顶部以上的容积，称为燃烧室容积。燃烧室容积等于气缸总容积减气缸工作容积
8. 压缩比	压缩前气缸中气体的最大容积与压缩后的最小容积之比，称为压缩比。换言之，压缩比等于气缸总容积与燃烧室容积之比。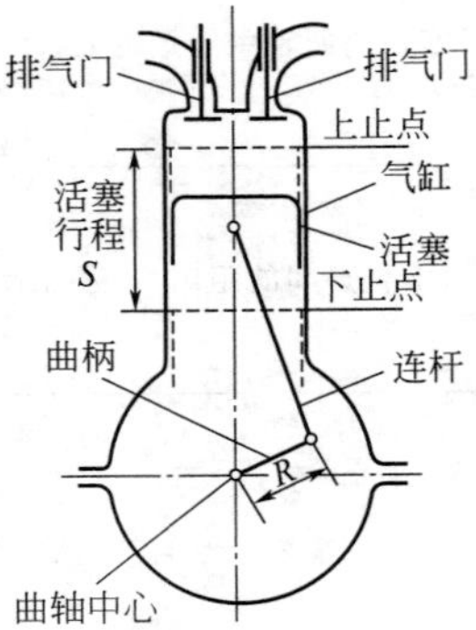排气门 排气门 上止点 活塞行程 S 气缸 活塞 下止点 曲柄 连杆 R 曲轴中心
9. 功率	功与完成这些功所用时间的比值叫功率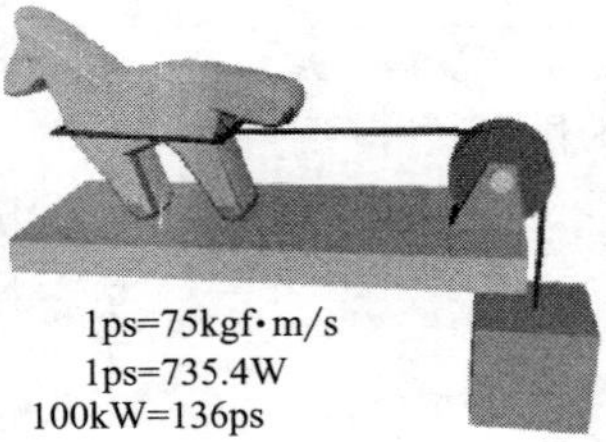1ps=75kgf·m/s 1ps=735.4W 100kW=136ps

10. 扭矩	垂直方向上的力乘上与旋转中心的距离，除以重力加速度的值叫扭矩。引擎所发挥的扭力可称为扭矩	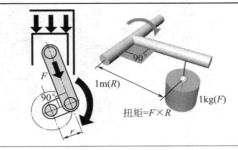
11. 发动机的性能曲线	发动机外特性曲线是在发动机最好的工作状态下能使发动机发出最大功率的情况下测出来的发动机速度特性曲线。 当柴油机的节气门固定在标定位置或者汽油机的节气门全开时，发动机的性能指标如功率、燃油消耗率等性能指标随速度变化的情况为发动机的外特性曲线	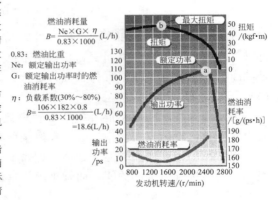

3.1.3 发动机结构原理

在活塞式内燃发动机中，气体的工作状态包含进气、压缩、做功和排气四个过程的循环。这四个过程的实现是活塞与气门运动情况相联系的，使发动机一个循环接一个循环地持续工作。四冲程发动机就是曲轴转两圈，活塞在气缸内上下各两次，进、排气门各开闭一次，完成进气、压缩、做功、排气四个过程，产生一次动力，如图 3-3 所示。

(1) 进气行程

当活塞由上止点向下止点移动时，进气门开启，排气门关闭。

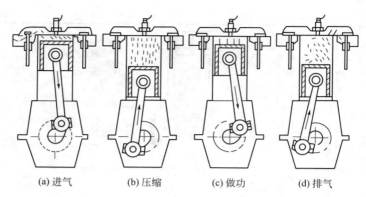

| (a) 进气 | (b) 压缩 | (c) 做功 | (d) 排气 |

图 3-3 四冲程发动机工作循环

对于汽油机而言，空气和汽油合成的可燃混合气就被吸入气缸，进行进气过程；对于柴油机而言，它在活塞进气过程中吸入气缸的只是纯净的空气。这一活塞行程就称为进气行程。

（2）压缩行程

为使吸入气缸的可燃混合气能迅速燃烧，以产生较大的压力，从而使发动机发出较大功率，必须在燃烧前将可燃混合气压缩，使其容积缩小、密度加大、温度升高，即需要有压缩过程。在这个过程中，进、排气门全部关闭，曲轴推动活塞由下止点向上止点移动一个行程，称为压缩行程。

（3）做功行程

在这个行程中，进、排气门仍旧关闭。对于汽油机而言，在压缩行程终了之前，即当活塞接近上止点时，装在气缸盖上的火花塞即发出电火花，点燃被压缩的可燃混合气。可燃混合气被燃烧后，放出大量的热能。因此，燃气的压力和温度迅速增加。所能达到的最高压力为 3～5MPa，相应的温度则为 2200～2800K。对于柴油机而言，在压缩行程终了之前，通过喷油器向气缸喷入高压柴油，迅速与压缩后的高温空气混合，形成可燃混合气后自行发火燃烧。此时，气缸内气压急速上升到 6～9MPa，温度也升到 2000～2500K。高温高压和燃气推动活塞从上止点向下止点运动，通过连杆使曲轴旋转并输出机械能，这一活塞行程称为做功行程。

（4）排气行程

可燃混合气燃烧后产生的废气，必须从气缸中排除，以便进行下一个进气行程。

当做功行程接近终了时，排气门开启，靠废气的压力进行自由排气，活塞到达下止点后再向上止点移动时，继续将废气强制排到大气中。活塞到达上止点附近时，排气行程结束。

如果改变发动机的结构，使发动机的工作循环在两个活塞行程中完成，即曲轴旋转一圈的时间内完成，这种发动机就称为二冲程发动机。

3.2 发动机基本结构

发动机是一部由许多机构和系统组成的复杂机器。下面介绍四冲程发动机的一般构造。发动机的组成有两大机构、四个系统。

① 曲柄连杆机构 包括气缸盖、气缸体、油底壳、活塞、连杆、飞轮、曲轴等。

② 配气机构 包括进气门、排气门、挺柱、推杆、摇臂、凸轮轴、凸轮轴正时齿轮、曲轴正时齿轮等。

③ 供给系统 包括汽油箱、汽油泵、汽油滤清器、化油器（喷油泵）、空气滤清器、进气管、排气管、排气消声器等。

④ 冷却系统 包括水泵、散热器、风扇、分水管、气缸体放水阀、水套等。

⑤ 润滑系统 包括机油泵、集滤器、限压阀、润滑油道、机油粗滤器、机油冷却器等。

⑥ 启动系统 包括启动机及其附属装置。

发动机一般都由上述两个机构和四个系统所组成。

3.2.1 曲轴连杆机构

曲柄连杆机构的功用，是把燃气作用在活塞顶上的力转变为曲轴的转矩，以向工作机械输出机械能。曲柄连杆机构的主要零件可以分成三组：机体组、活塞连杆组、曲轴飞轮组。

（1）机体组

机体组由气缸体、气缸盖、气缸衬垫和油底壳等机件组成。

① 气缸体。气缸体是发动机所有零件的装配基体，应具有足够的刚度和强度，一般用优质灰铸铁制成，气缸体上半部有一个或若干个为活塞在其中运动导向的圆柱形空腔，称为气缸。下半部为支承曲轴的曲轴箱，其内腔为曲轴运动的空间，如图 3-4 所示。

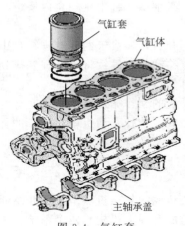

气缸套

气缸体

主轴承盖

图 3-4　气缸套

气缸工作表面经常与高温、高压的燃气相接触，且有活塞在其中作高速往复运动，所以必须对气缸和气缸盖随时加以冷却。冷却方式有两种：一种用水来冷却（水冷）；另一种直接用空气来冷却（风冷）。发动机用水冷却时，气缸周围和气缸盖中均有充水的空腔，称为水套。气缸体和气缸盖上的水套是相互连通的。发动机用空气冷却时，在气缸体和气缸盖外表面铸有许多散热片，以增加散热面积。

为了提高气缸表面的耐磨性，广泛采用镶入缸体内的气缸套，形成气缸工作表面。气缸套用合金铸铁或合金钢制造，延长其使用寿命。气缸套有干式和湿式两种。干缸套不直接与冷却水接触，壁厚度一般为 1～3mm。湿缸套则与冷却水直接接触，壁厚一般为 5～9mm，通常装有 1～3 道橡胶密封圈来封水，防止水套中的冷却水漏入曲轴箱内。

② 气缸盖。气缸盖的主要功用是封闭气缸上部，并与活塞顶部和气缸壁一起形成燃烧室。气缸盖内部有冷却水套，用来冷却燃烧室等高温部分。气缸盖上应有进、排气门座及气门导管孔和进、排气通道等。汽油机气缸盖还设有火花塞座孔，而柴油机则设有安装喷油器的座孔。如图 3-5 所示。

气缸盖用螺栓紧固在气缸体上。拧紧螺栓时，必须按由中央对称地向四周扩展的顺序分几次进行，以免损坏气缸垫和发生漏水

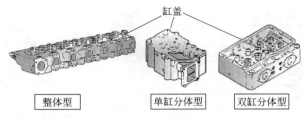

缸盖

| 整体型 | 单缸分体型 | 双缸分体型 |

图 3-5　气缸盖

现象。

　　③ 气缸衬垫。气缸盖与气缸体之间置有气缸衬垫，以保证燃烧室的密封。一般用石棉中间夹有金属丝或金属屑，外覆铜皮或钢皮制成。近年来，国内正在试验采用膨胀石墨作为衬垫的材料。

　　④ 油底壳。油底壳的主要功用是贮存机油并封闭曲轴箱。油底壳受力很小，一般采用薄钢板冲压而成。油底壳底部装有放油塞。有的放油塞是磁性的，能吸集机油中的金属屑，以减少发动机零件的磨损。

（2）活塞连杆组

　　活塞连杆组由活塞、活塞环、活塞销、连杆等机件组成，如图3-6所示。

　　① 活塞。活塞的主要功能是承受气缸中气体压力所造成的作用力，并将此力通过活塞销传给连杆，以推动曲轴旋转。活塞顶部还与气缸盖、气缸壁共同组成燃烧室，如图3-7所示。

　　目前广泛采用的活塞材料是铝合金。

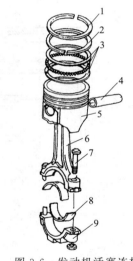

图 3-6　发动机活塞连杆组

1—第一道气环；2—第二道气环；3—组合油环；4—活塞销；5—活塞；6—连杆；7—连杆螺栓；8—连杆轴瓦；9—连杆盖

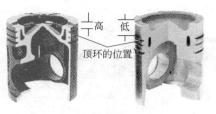

(a) 活塞   (b) 活塞环

图 3-7   活塞

活塞的基本构造可分顶部、头部和裙部三部分，如图 3-8 所示。

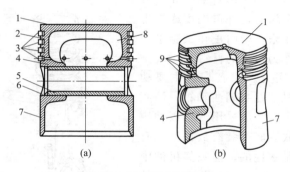

图 3-8   活塞结构剖视图

1—活塞顶；2—活塞头；3—活塞环；4—活塞销座；5—活塞销；
6—活塞销锁环；7—活塞裙；8—加强筋；9—环槽

活塞顶部多为平顶式和凹顶式。活塞头切有安装活塞环用的槽，汽油机一般有 2~3 道环槽，上面 1~2 道用于安装气环，下面一道用于安装油环。柴油机由于压缩比高，常设有 3 道气环、2 道油环。在油环槽的底部上钻有许多径向小孔，以便将油环从气缸壁上刮下来的多余机油，经这些小孔流回油底壳。活塞裙部用来引导活塞在气缸内往复运行，并承受侧压力。活塞裙部上有活塞销孔，两头有安装活塞销用的锁环环槽。

② 活塞环。活塞环分为气环和油环。气环的作用是保证活塞与气缸臂间的密封，防止气缸中的高温、高压燃气大量漏入曲轴

箱，同时将活塞顶部的热量传导给气缸壁，再由冷却水或空气带走。油环的作用是刮去气缸壁上多余的机油，在气缸壁上均匀地形成一层机油膜，既可以防止机油窜入气缸燃烧，又可以减少活塞、活塞环与气缸壁间的磨损。

为了保证气缸有良好的密封性，安装活塞环时应注意第一道气环的内倒角应朝上，第二、三道气环的外倒角应朝下。为避免活塞环端口重叠，造成漏气，各活塞环开口在安装时应成十字互相错开，同时应避免安装在活塞销的方向上。

目前广泛应用的活塞环材料是合金铸铁。在高温、高压、高速以及润滑困难的条件下工作的活塞环是发动机所有零件中工作寿命最短的。当活塞环磨损到失效时，将出现发动机启动困难，功率不足，曲轴箱压力升高，通风系统严重冒烟，机油消耗增加，排气冒蓝烟，燃烧室、活塞表面严重积炭等不良状况。

③ 活塞销。活塞销的功能是联结活塞和连杆小头，将活塞承受的气体作用力传给连杆。活塞销一般用低碳或低碳合金钢制造。

活塞销与活塞销座孔和连杆小头衬套孔的连接配合，一般采用"全浮式"，即在发动机工作时，活塞在连杆小头衬套孔内和活塞销座孔内缓慢地转动，使活塞销各部分的磨损比较均匀。为了防止销的轴向窜动而刮伤气缸壁，在活塞销座两端用卡环嵌在销座凹槽中加以轴向定位。

④ 连杆。连杆的功用是将活塞承受的力传给曲轴，从而使得活塞的往复运动转变为曲轴的旋转运动。连杆一般用中碳钢或合金钢经模锻或辊锻而成，如图 3-9 所示。

图 3-9　连杆

连杆由小头、杆身和大头三部分组成。连杆小头与活塞销相连，小头内装有青铜衬套，小头和衬套上钻孔或铣槽用来集油，以便润滑。杆身通常做成"工"字形断面。大头与曲轴的曲柄销相连，一般做成两个半圆件，被分开的半圆件叫做连杆盖，两部分用高强度精制螺栓紧固，装配时按规定力矩拧紧。连杆轴瓦上有油孔及油槽，安装时应将油孔对准连杆大头上的油眼，以使喷出的机油能甩向气缸壁。

连杆大头的两个半圆件的切口可分为平切口和斜切口两种。汽油机连杆大头尺寸都小于气缸直径，可能采用平切口。柴油机的连杆由于受力较大，大头尺寸往往超过气缸直径。为使连杆大头能通过气缸，一般采用斜切口。

（3）曲轴飞轮组

曲轴飞轮组主要由曲轴和飞轮以及其他不同作用的零件和附件组成。

1）曲轴。曲轴的功用是把连杆传来的推力转变成旋转的扭力，经飞轮再传给传动装置，同时还带动凸轮轴、风扇、水泵、发电机等附件工作。为了保证可靠工作，曲轴具有足够的刚度和强度，各工作面要耐磨而且润滑良好，如图 3-10 所示。

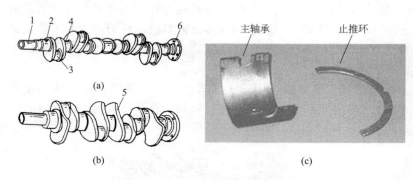

图 3-10　曲轴

（a）解放 CA6102 型发动机曲轴；（b）北京 BJ492 型发动机曲轴；（c）曲轴主要部件

1—前端轴；2—主轴颈；3—连杆轴颈（曲柄销）；4—曲柄；5—平衡重；6—后端凸缘

曲轴的组成：

① 主轴颈。用来支承曲轴，主轴颈用轴承（主轴瓦，俗称大瓦）安装在气缸体的主轴承座上。

② 连杆轴颈。又称曲柄销，与连杆大头相连。由一个连杆轴颈和它两端的曲柄以及前后两个主轴构成一个曲拐。

③ 平衡重。平衡重的功用是平衡由连杆轴颈、曲柄等回转零件所引起的离心力。

④ 前端轴。曲轴前端装有正时齿轮，驱动风扇和水泵的传动带盘，前油封和挡油圈以及启动爪等。

⑤ 后端突缘。后端突缘上安装飞轮。

多缸发动机各曲拐的布置，取决于气缸数、气缸排列形式和发动机的工作顺序（也叫发火次序）。在安排发动机的发火次序时，力求做功间隔均匀，各缸发火的间隔时间最好相等。对于四冲程发动机来说，发火间隔角为 720°/缸数，即曲轴每转 720°/缸数时，就应用一缸做功，以保证发动机运转平稳。

四冲程直列四缸发动机发火次序——发火间隔角为 720°/4＝180°。其曲拐布置如图 3-11 所示，四个曲拐布置在同一平面内。发火次序有两种可能的排列法，即 1-2-4-3 或 1-3-4-2，它们的工作循环见表 3-3 及表 3-4。

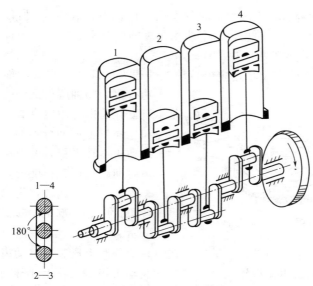

图 3-11　直列四缸发动机的曲拐布置

表 3-3　四缸机工作循环表（发火次序，1-2-4-3）

曲轴转角	第一缸	第二缸	第三缸	第四缸
0°～180°	做功	压缩	排气	进气
180°～360°	排气	做功	进气	压缩
360°～540°	进气	排气	压缩	做功
540°～720°	压缩	进气	做功	排气

表 3-4　四缸机工作循环表（发火次序，1-3-4-2）

曲轴转角	第一缸	第二缸	第三缸	第四缸
0°～180°	做功	排气	压缩	进气
180°～360°	排气	进气	做功	压缩
360°～540°	进气	压缩	排气	做功
540°～720°	压缩	做功	进气	排气

　　四冲程直列六缸发动机的发火次序，因缸数为 6，所以发火间隔角为 720°/6＝120°，六个曲拐布置的三个平面内，各平面夹角为120°。通常的发火次序为 1-5-3-6-2-4。

　　2）飞轮。飞轮是一个转动惯性很大的圆盘，主要功能是将做功行程中曲轴所得到的一部分能量贮存起来，用以克服进、排气和压缩三个辅助行程的阻力，使发动机运转平稳，并提高发动机短时期超负荷工作能力，使机动车容易起步。此外，飞轮还是离合器的组成部件，如图 3-12所示。

图 3-12　飞轮总成

　　飞轮多采用灰铸铁铸造。在飞轮的外圆上压装有启动齿圈，可与启动机的驱动齿轮啮合，供启动发动机用。飞轮上通常刻有第一缸发火正时的记号，以便校准发火时间。

3.2.2 配气机构

配气机构的功能是按照发动机每一气缸内所进行的工作循环和发火次序的要求，定时开启和关闭各气缸的进、排气门。使新鲜可燃耗混合气（汽油机）或空气（柴油机）得以及时进入气缸，废气得以及时从气缸排出。

（1）配气机构的布置形式

配气机构的布置形式分为顶置式气门和侧置式气门两种。

① 气门顶置式配气机构。气门顶置式配气机构应用最广泛，其进气门和排气门都安装在气缸盖。它由凸轮轴、挺杆、推杆、摇臂轴支座、摇臂、气门、气门导管、气门弹簧及气门锁片等机件组成，如图 3-13 所示。

发动机工作时，曲轴通过正时齿轮驱动凸轮轴旋转。当凸轮的凸起部分向上转动顶起挺柱时，通过推杆和调整螺钉使摇臂绕摇臂轴摆动，压缩气门弹簧，使气门离座，即气门开启。当凸轮的凸起部分离开挺柱后，气门便在气门弹簧力作用下上升落座，即气门关闭。

② 气门侧置式配气机构。气门侧置式配气机构的进、排气门都布置在气缸体的一侧。它是由凸轮轴、挺柱、挺柱座、气门、气门弹簧、气门导管、气门锁销等机件组成。其工作情况与顶置式相近似。由于这种形式的配气机构使发动机的动力性和高速性变得较差，目前已趋于淘汰。

（2）配气机构的主要机件

1) 气门组。气门组包括气门、气门座及气门弹簧等零件。气门组应保证气门能够实现气缸的密封。

① 气门。气门分进气门和排气门两种。它由气门头和气门杆组成。

气门头的圆锥面用来与气门座的内锥面配合，以保证密封；气门杆与气门导管配合，为气门导向。进气门的材料采用普通合金钢（如铬钢或镍铬钢等），排气门则采用耐热合金钢（如硅锰钢或铬钢）。

气门头顶部的形状有平顶、球面顶和喇叭顶三种，目前使用最

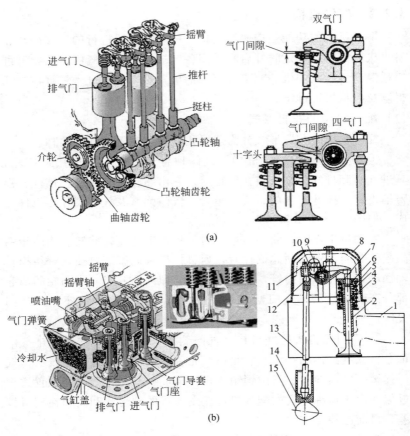

(a)

(b)

图 3-13　气门顶置式配气机构

1—气缸盖；2—气门导管；3—气门；4—气门主弹簧；5—气门副弹簧；6—气门弹簧座；7—锁片；8—气门室罩；9—摇臂轴；10—摇臂；11—锁紧螺母；12—调整螺钉；13—推杆；14—挺柱；15—凸轮轴

普遍的是平顶气门头。气门头的工作锥面锥角，称为气门锥角，一般汽油采用进气门 35°，排气门 45°；柴油机的进、排气门均采用 45°；柴油机的进、排气门均采用 45°。

气门杆呈圆柱形，它的尾端用凹槽和锁片或用眼孔和锁销来固定弹簧座。

② 气门座。气门座是在气缸盖上（气门顶置时）或气缸体上（气门侧置时）直接镗出。它与气门头部共同对气缸起密封作用。

③ 气门导管。气门导管的功用主要是起导向作用，保证气门作直线往复运动，使气门与气门座能正确贴合。气门杆与气门导管之间一般留有 0.05～0.12mm 间隙。

气门导管大多数用灰铸铁、球墨铸铁或铁基粉末冶金制成。

④ 气门弹簧。气门弹簧的功能是保证气门及时落座并紧紧贴合。因此，气门弹簧在安装时必须有足够的顶紧力。

气门弹簧多为圆柱形螺旋弹簧，其材料为高碳锰钢、铬钒钢等冷拔钢丝。

2）气门传动组。气门传动组的功用是使进、排气门能按配气相位规定的时刻开闭，且保证有足够的开度。它包括凸轮轴正时齿轮、挺柱及其导管，气门顶置式配气机构还有推杆摇臂和摇臂轴等。

① 凸轮轴。凸轮轴上有气缸进、排气凸轮，用以使气门按一定的工作次序和配气相位及时开闭，并保证气门有足够的升程，如图 3-14 所示。

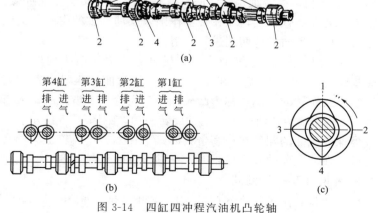

图 3-14　四缸四冲程汽油机凸轮轴

（a）492QA 发动机的凸轮轴；（b）各凸轮的相对角位置图；（c）进（或排）气凸轮投影

1—凸轮；2—凸轮轴轴颈；3—驱动汽油泵的偏心轮；4—驱动分电器等的螺旋齿轮

凸轮轴的材料一般用优质钢模锻而成，也可采用合金铸铁或球墨铸铁铸造。

发动机各气缸的进气（或排气）凸轮的相对角位置应符合发动机各气缸的发火次序和发火间隙时间的要求。因此，根据凸轮轴的旋转方向及各进气（或排气）凸轮的工作次序，就可以判定发动机的发火次序。

② 挺柱。挺柱的功能是将凸轮的推力传给推杆（置顶式）或气门杆（侧置式），并承受凸轮轴旋转时所施加的侧向力。

气门顶置式配气机构的挺柱制成筒形，以减轻重量；气门侧置式配气机构的挺柱制成菌形，其上部装有调节螺钉，用来调节气门间隙。

③ 推杆。推杆的功用是将凸轮轴经过挺柱传来的推力传给摇臂。它是气门机构中最易弯曲的零件，要求有很高的刚度，推杆可以是实心的，也可以是空心的。

④ 摇臂。摇臂实际上是一个双臂杠杆，用来将推杆传来的力改变方向，作用到气门杆端以推开气门。

为了增大气门升程，通常将摇臂的两个力臂作成不等长度，长臂一端是推动气门的，端头的工作表面为圆柱形。短臂一端安装带有球头的调整螺钉，用以调节气门间隙。

⑤ 摇臂轴。摇臂轴是一空心管状轴，用支座安装在气缸盖上。摇臂就套装在摇臂轴上，能在轴上作圆弧摆动。轴的内腔与支座油道相通，机油流向摇臂两端进行润滑。

⑥ 正时齿轮。凸轮轴通常由曲轴通过一对正时齿轮驱动（俗称时规齿轮）。小齿轮安装在曲轴前端，称为曲轴正时齿轮。大齿轮安装在凸轮轴的前端，称为凸轮轴正时齿轮；小齿轮的是大齿轮的 1/2，使曲轴旋转两周，凸轮轴旋转一周，如图 3-15 所示。

为保证正确的配气相位和着火时刻，在大、小齿轮上均刻有正时记号。在装配曲轴和凸轮轴时，必须按正时记号对准。

（3）配气相位及气门间隙

配气相位就是进、排气门的实际开闭时刻，通常用相对于上、下止点曲拐位置的曲轴转角来表示。

由于发动机的曲轴转速很高，活塞每一行程历时短达千分之几

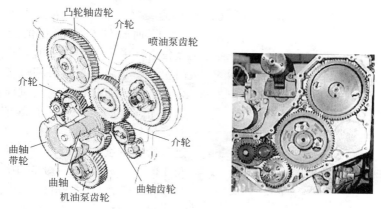

图 3-15　正时齿轮组

秒。为了使气缸中充气较足，废气排除较净，要求尽量延长进、排气时间。所以，四冲程发动机气门开启和关闭终了时刻，并不正好在活塞的上、下止点，而是提前和延迟一些，以改善进、排气状况，从而提高发动机的动力性，如图 3-16 所示。

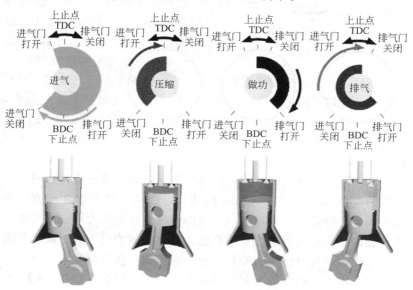

图 3-16　配气定时

如图 3-17 所示，在排气行程接近终了，活塞到达上止点之前，即曲轴转到离曲拐的上止点位置还差一个角度 α 时，进气门便开始开启，直到活塞过了下止点上行，即曲轴转到超过曲拐的下止点位置以后一个角度 β 时，进气门才关闭。这样，整个进气行程持续时间相当于曲轴转角 $180° + \alpha + \beta$。α 一般为 $10° \sim 30°$，β 一般为 $40° \sim 80°$。

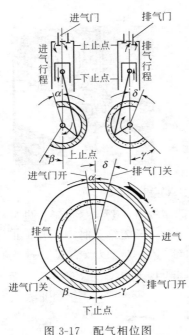

图 3-17　配气相位图

进气门提前开启的目的，是为了保证进气行程开始时进气门已开大，新鲜空气能顺利地充入气缸。当活塞到达下止点时，气缸内压力仍低于大气压力，在压缩行程开始阶段，活塞上移速度较慢的情况下，仍可利用气流惯性和压力差继续进气，因此，进气门晚关一点是有利于充气的。

同样，在做功行程接近终了，活塞到达下止点前，排气门便开始开启，提前开启的角度 γ 一般为 $40° \sim 80°$。经过整个排气行程，在活塞越过上止点后，排气门才开始关闭，排气门关闭的延迟角 δ 一般为 $10° \sim 30°$。整个排气过程的持续时间相当于曲轴转角 $180° + \gamma + \delta$。

排气门提前开启的原因是：当做功行程活塞接近下止点时，气缸内的气体虽有 $0.3 \sim 0.4$ MPa 的压力，但就对活塞做功而言，作用不大，这时若稍开启排气门，大部分废气在此压力作用下可迅速从气缸内排出；当活塞到下止点时，气缸内压力已大大下降（约为 0.115 MPa），这时排气门的开度进一步增加，从而减少了活塞上行时的排气阻力。高温废气的迅速排出，还可以防止发动机过热。当活塞到达上止点时，燃烧室内的废气压力仍高于大气压力，加之排气时气流有一定的惯性，所以排气门迟一点关，可以使废气排放得较干净。

由于进气门在上止点前即开启，而排气门在上止点后才关闭，这就出现了在一段时间内排气门和进气门同时开启的现象，这种现象称为气门重叠，重叠的曲轴转角称为气门重叠角。由于新鲜气流和废气流的流动惯性都比较大，在短时间内是不会改变流向的，因此，只要气门重叠角选择适当，就不会有废气倒流入进气管和新鲜气体随同废气排出的可能性，这对于换气是有利的。但应注意，如气门重叠角过大，当汽油机小负荷运转，进气管内压力很低时，就可能出现废气倒流，使进气量减少。

对于不同发动机，由于结构形式、转速各不相同，因而配气相位也不相同。合理的配气相位应根据发动机性能要求，通过反复试验确定。

发动机工作时，气门将因温度升高而膨胀。如果气门及其传动件之间，在冷态时间隙过小或没有间隙，则在热态下气门及其传动件的膨胀势必引起气门关闭不严，造成发动机在压缩和做功行程中的漏气，使功率下降，严重时不易启动，为了消除这一现象，通常在发动机冷态装配时，在气门及其传动件中留有适当的间隙，以补偿气门受热后的膨胀量，这一间隙通常称为气门间隙。

气门间隙的大小一般由发动机制造厂根据试验确定。一般在冷态时，进气门的间隙为 $0.25 \sim 0.3$mm，排气门间隙为 $0.3 \sim 0.35$mm。

3.2.3　柴油机供给系统

燃油供给系统和供给油路示意图如图 3-18 所示。柴油机使用的燃料是柴油。与汽油相比，柴油黏度大，蒸发性差，一般来说不可能通过化油器在气缸外部与空气形成均匀的混合气，故采用高压喷射的方法。在压缩行程接近终了时，把柴油喷入气缸，直接在气缸内部形成混合气，并借缸内空气的高温自行发火燃烧。此特点决定了柴油机供给系统的组成、构造及其工作原理与汽油机供给系统有较大的区别。

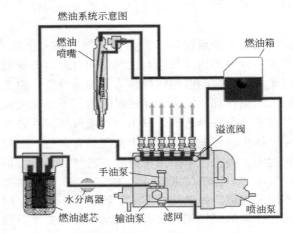

图 3-18 燃油供给系统和供给油路示意图

柴油机供给系统由燃油供给、空气供给、混合气形成及废气排出四套装置组成。

① 燃油供给装置由柴油箱、输油泵、低压油管、柴油滤清器、喷油泵、高压油管、喷油器和回油管组成。

② 空气供给装置由空气滤清器、进气管和气缸盖内的进气道组成。

③ 混合气形成装置即是燃烧室。

④ 废气排出装置由气缸盖内的排气道、排气管和排气消声器组成。

（1）柴油

柴油机使用的燃料是柴油。与汽油相比，它具有分子量大、蒸馏温度高、黏度大、自燃点低、便宜等特点。评价柴油质量的主要性能指标是发火性、蒸发性、黏度和凝点。

发火性是指燃油的自燃能力。柴油的自燃点约为 300℃。柴油的发火性用十六烷值表示，十六烷值越高，发火性越好。

蒸发性是由燃油的蒸馏试验确定的。蒸发性越好，越有利于可燃混合气的形成和燃烧。

黏度决定燃油的流动性，黏度越小，则流动性越好。但容易泄漏，供油不足，功率下降。黏度过大，不易喷雾，混合气质量差，燃烧不完全。所以柴油的黏度应适当。

凝点是柴油冷却到开始推动流动性的温度，它表示柴油在低温时流动性的好坏。国产柴油以凝点的温度来命名牌号。如10号、0号和−35号轻柴油的凝点分别为10℃、0℃和−35℃。

综上所述，柴油机应选用十六烷值较高、蒸发性较好、凝点和黏度合适、不含水分和机械杂质的柴油。

（2）可燃混合气的形成与燃烧

柴油机的可燃混合气直接在燃烧室内形成，通常把柴油机的燃烧过程分为四个阶段。

第一阶段是备燃期。当压缩行程终了，活塞到达上止点前某一时刻，柴油开始喷入燃烧室，迅速与高温高压空气雾化、混合、升温和氧化，进行燃烧前的化学准备过程。

第二阶段是速燃期。此时活塞位于上止点附近，火焰从着火点处迅速向四周传播，气缸压力很快升到最大值，推动活塞下行做功。

第三阶段是缓燃期。活塞在下行中一边燃烧，一边继续喷油，直到喷油停止，绝大部分柴油被烧掉，放出大量热量，燃烧温度可达1973～2273K。

第四阶段是后燃期。在缓燃期中没有烧掉的柴油继续燃烧，但因做功行程接近结束，放出的热量大部分被废气带走。

可见柴油的燃烧过程是贯穿在整个做功行程的始终。

（3）燃烧室

由于柴油机的混合气形成和燃烧是在燃烧室进行的，故燃烧室结构形式直接影响混合气的品质和燃烧状况。

柴油机燃烧室分成统一式燃烧室和分隔式燃烧室两大类。

1）统一式燃烧室是由凹形活塞顶与气缸盖底面所包围的单一内腔，燃油自喷油器直接喷射到燃烧室中，故又称为喷射式燃烧室。这种燃烧室一般配用多孔喷油器。

2）分隔式燃烧室由两部分组成，一部分是活塞顶与气缸盖底面之间，称为主燃烧室；另一部分在气缸盖中，称为副燃烧室。这两部分由一个或几个孔道相连。采用这种燃烧室时配用轴针式单孔喷油器。按其结构又可分为涡流室燃烧室和预燃室燃烧室两种，如图 3-19、图 3-20、图 3-21 所示。

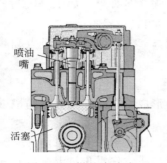

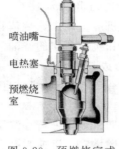

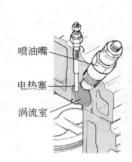

图 3-19　燃油直喷式　　图 3-20　预燃烧室式　　图 3-21　涡流室式

（4）喷油

喷油器的功用是将柴油雾化成较细的颗粒，并把它们分布到燃烧室中。根据混合气形成与燃烧的要求，喷油器应具有一定的喷射压力和射程，以及合适的喷注锥角。此外，喷油器在规定的停止喷油时刻应能迅速切断油的供给，不发生滴漏现象。目前，中小功率高速柴油机绝大多数采用闭式喷油器，其主要形式有两种：孔式喷油器和轴针式喷油器，图 3-22 所示为喷油器结构图。

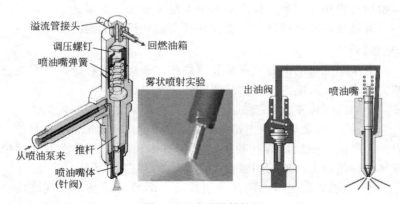

图 3-22　喷油器结构图

国产柴油机多采用孔式喷油器，主要用于具有直接喷射燃烧室的柴油机。喷油孔的数目范围一般为 $1\sim8$，喷孔直径为 $0.2\sim0.8$mm。喷孔数和喷孔角度的选择由燃烧室的开关、大小和空气涡流情况而定。

(5) 喷油泵（见图 3-23）

喷油泵的功用是定时、定量地向喷油器输送高压燃油。多缸柴油机的喷油泵应保证：

1）各缸的供油次序符合所要求的发动机发火次序。

2）各缸供油量均匀，不均匀度在标定工况下不大于 $3\%\sim4\%$。

3）各缸供油提前角一致，相差不大于 $0.5°$曲轴转角。

4）供油和停止迅速，避免喷油器滴漏现象。

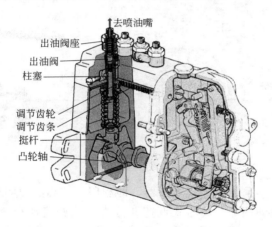

去喷油嘴
出油阀座
出油阀
柱塞
调节齿轮
调节齿条
挺杆
凸轮轴

图 3-23　喷油泵

如图 3-23 喷油泵的结构形式很多，可分为三类：柱塞式喷油泵、喷油泵—喷油和转子分配式喷油泵。柱塞式喷油泵性能良好，使用可靠，目前为大多数柴油机所采用。

(6) 调速器

柴油机工作时的供油量主要取决于喷油泵的节气门拉杆位置。此外，还受到发动机转速的影响。因为当发动机转速增高时，喷油泵柱塞的运动加快，柱塞套上油孔的阻流作用增强，柱塞上行到尚未完全封闭油孔时，柴油来不及从油孔挤出，致使泵腔内的油压及早升高，供油时刻略有提前。同样道理，当柱塞下行到其斜槽与油孔接通时，泵腔内油压一时又降不下来，使供油停止时刻略有延迟。这样，发动机转速升高，柱塞有效行程增长，供油量急剧增多，如此反复循环，导致发动机超速运转而发生"飞车"。反之，随着发动机转速的降低，供油量反而自动减少，最后使发动机熄火。为了适应柴油机负荷的变化，自动地调节喷油泵的供油量，保证柴油机在各种工况下稳定运转，这就是调速器的作用。图 3-24所示为调速器。

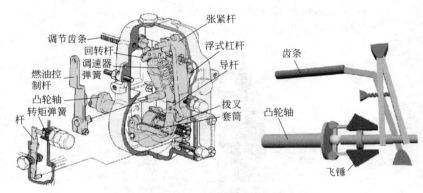

图 3-24 调速器

柴油机多采用离心式调速器，即利用飞球离心力的作用来实现供油量的自动调节。离心式调速器分为两速调速器和全速调速器。保证柴油机怠速运转稳定并能限制最高转速的称为两速调速器。保证柴油机在全部转速范围内的任何转速下稳定工作的称为全速调速器。

（7）喷油提前角调节装置

喷油提前角的大小对柴油机工作过程影响很大。喷油提前角过大时，由于喷油时缸内空气温度较低，混合气形成条件较差，备燃期较长，将导致发动机工作粗暴，严重时会引起活塞敲缸；喷油提前角过小时，将使燃烧过程延迟过多，所能达到的最高压力降低，热效率也明显下降，且排气管中常冒白烟。因此为保证发动机有良好的性能，必须选定最佳喷油提前角。

最佳喷油提前角即是在转速和供油量一定的条件下，能获得最大功率及最小燃油消耗率的喷油提前角。应当指出，对任何一台柴油机而言，最佳喷油提前角都不是常数，而是随供油量和曲轴转速变化的。供油量越大，转速越高，则最佳喷油提前角也越大。此外，它还与发动机的结构有关，如采用直接喷射燃烧室时，最佳喷射提前角就比采用分隔式燃烧室时要大些，如图 3-25 所示。

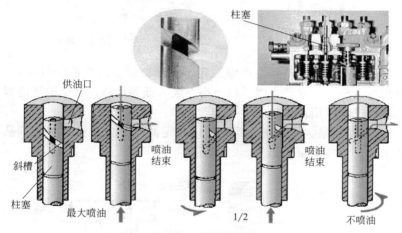

图 3-25　喷油量调节

喷油提前角实际上是由喷油泵供油提前角保证的，而调节整个喷油泵供油提前角的方法是改变发动机曲轴与喷油泵凸轮轴的相对角位置。近年来，国内外车用柴油机常装用机械离心式供油提前角自动调节器，以适应转速的变化而自动改变喷油提前角。

（8）柴油机供给系统的辅助装置

1）柴油在运输和储存过程中，不可避免地会混入尘土、水分和机械杂质。柴油中水分会引起零件锈蚀，杂质会导致供油系统精密偶件卡死。为保证喷油泵和喷油器工作可靠并延长其使用寿命，除使用前将柴油严格沉淀过滤外，在柴油机供油系统工作过程中，还采用柴油滤清器，以便仔细清除柴油中的杂质和水分。柴油滤清器如图 3-26 所示，沉淀过滤器如图 3-27 所示。

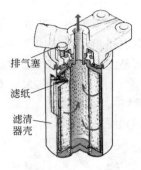

排气塞

滤纸

滤清
器壳

图 3-26　柴油滤清器

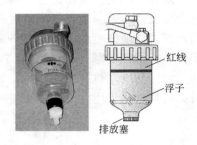

红线

浮子

排放塞

图 3-27　沉淀过滤器

　　目前常用的滤清器是单级微孔纸芯滤清器。因其滤清效率高、使用寿命长、抗水能力强、体积小、成本低等优点，在柴油滤清器中获得广泛应用。

　　2）输油泵。输油泵的功能是以一定的压力将足够数量的同从油箱输送到喷油泵，如图 3-28 所示。

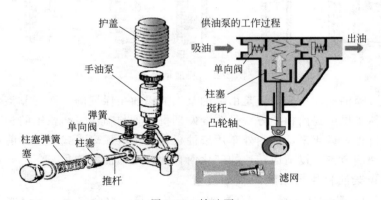

护盖

手油泵

弹簧
单向阀

柱塞弹簧
塞

柱塞

推杆

供油泵的工作过程

吸油　　　出油

单向阀

柱塞
挺杆
凸轮轴

滤网

图 3-28　输油泵

　　活塞式输油泵由于工作可靠，目前应用广泛。它安装在喷油泵壳体的外侧，依靠喷油泵凸轮轴上的偏心轮来驱动。在输油泵上还装有手油泵，其作用是在柴油机启动前，用来排除渗入低压油路中的空气，利于启动。

3.2.4 发动机润滑系统

发动机工作时，运动零件的相对运动表面（如曲轴与主轴承、活塞与气缸壁等）之间必然产生摩擦。金属表面之间的摩擦不仅会增大发动机内部的功率消耗，使零件工作表面迅速磨损，而且由于摩擦产生的大量热量可能导致零件表面烧损，致使发动机无法运转。因此，为保证发动机正常工作，必须对运动表面加以润滑，也就是在摩擦表面上覆盖一层机油，形成油膜，以减小摩擦阻力，降低功率损耗，减轻机件磨损，延长发动机使用寿命。

发动机的润滑是由润滑系统来实现的。润滑系统的基本任务就是将机油不断地供给各零件摩擦表面，减少零件的摩擦和磨损。

（1）润滑剂

发动机润滑系统所用的润滑剂有机油和润滑脂两种。机油品位应根据季节气温的变化来选择。因为机油的黏度是随温度变化而变化的。温度高则黏度小，温度低则黏度大。因此夏季要用黏度较大的机油，否则将因机油过稀而不能使发动机得到可靠的润滑。冬季气温低要用黏度较小的机油，否则因机油黏度过大，流动性差而不能在零件摩擦表面形成油膜。

国产机油按黏度大小编号，号数大黏度大。汽油机用的机油分为6D、6、10和15号四类。其中，冬季使用6号和10号，夏季使用10号或15号；6D是低凝固点机油，适用于我国北方严寒地区使用。柴油机用机油分为8、11、14三类。其中冬季使用8号，夏季使用14号，装巴氏合金轴承的柴油机可全年使用11号。

发动机所用润滑脂，常用的有钙基润滑脂、铝基润滑脂、钙钠基润滑脂及合成钙基润滑脂等。选用时也要考虑冬、夏季不同气温的工作条件和特点。

（2）润滑系统的组成

发动机的润滑油是通过机油泵产生一定压力后，经过油道输送到各摩擦表面上进行润滑的，这种润滑方式叫作压力润滑，如主轴瓦、凸轮轴瓦、气门摇臂等。利用曲轴连杆运动时将润滑油飞溅或喷溅起来的油滴和油雾润滑没有油道的零件表面，这种润滑方式叫做飞溅润滑，如连杆小头与活塞销、活塞与气缸壁的润滑等。所以，发动机的润滑又叫复合式润滑。

润滑系由集滤器、机油泵、机油滤清器、限压阀等组成。柴油机润滑系循环示意，如图3-29所示。

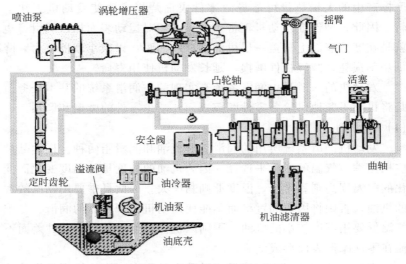

图 3-29　润滑系统油路示意图

1）机油泵的作用是将机油提高到一定压力后，强制地压送到发动机各零件的运动表面。齿轮油泵因其工作可靠、结构简单得到了广泛的应用。

2）机油滤清器的作用是在机油进入各摩擦表面之前，将机油中所夹带的杂质清除掉。为使机油滤清效果良好，而又不使机油阻力增大，所以在发动机润滑系中采用了多级滤清，即由集滤器→粗滤器→细滤器。见图3-30和图3-31。

3）限压阀的作用是使润滑系统内机油压力保持在一个适当的数值上稳定地工作。机油压力过高或过低都将给发动机的工作带来危害。油压过高，将使气缸壁与活塞间的机油过多，容易窜入燃烧室形成大量积炭；油压过低，机油不易进入各摩擦球表面，从而加速机件的磨损。见图3-32。

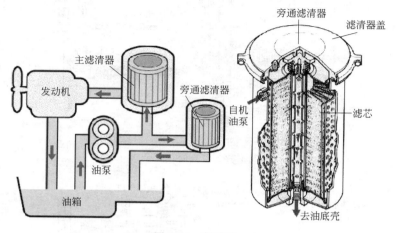

图 3-30 粗滤器

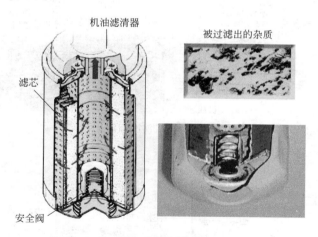

图 3-31 细滤器

机油冷却器——降低油温，防止机油高温裂化，见图 3-33。

活塞冷却喷嘴——喷出机油冷却活塞，防止活塞烧结，见图 3-34。

旁通滤清器——使机油得到充分过滤，降低机油污染程度。

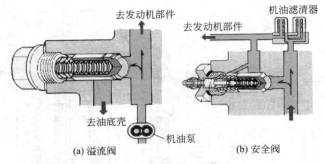

(a) 溢流阀　　　　　　　　　　　(b) 安全阀

图 3-32　溢流阀、安全阀

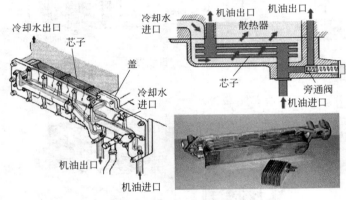

图 3-33　机油冷却器

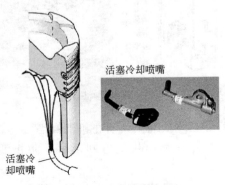

图 3-34　活塞冷却喷嘴

3.2.5　冷却系统

　　前面所述，在可燃混合气的燃烧做功过程中，气缸内气体温度可高达 2000K 以上，直接与高温气体接触的机件（如气缸体、气缸盖、活塞、气门等）若不及时加以冷却，则其中运动机件可能因受热膨胀而破坏正常间隙，或因机油在高温下失效而卡死；各机件也可能因高温而导致机械强度降低甚至损坏。为保证发动机正常工作，必须对这些在高温条件下工作的机件加以冷却。因此，冷却系统的任务就是使工作中的发动机得到适度的冷却，从而保持在最适宜的温度范围内工作。

　　根据冷却介质的不同，冷却系统分为风冷系统和水冷系统。发动机中使高温零件的热量直接散入大气而进行冷却的一系列装置称为风冷系统；使热量先传导给水，然后再散入大气而进行冷却的一系列装置则称为水冷系统。目前车用发动机上广泛采用的是水冷系统。采用水冷系统时，应使气缸盖内的冷却水温度在 80～90℃ 之间。

（1）水冷系统的组成

　　水冷系统中分为自然循环式水冷系统和强制循环式水冷系统。前者利用水的自然对流实现循环冷却，因冷却强度小，只有少数小排量的发动机在使用。后者是用水泵强制地使水（或冷却液）在冷却系中进行循环流动，因其冷却强度大，得到广泛使用。图 3-35 所示为水冷系统，图3-36 所示为发动机强制循环式水冷系统示意图。

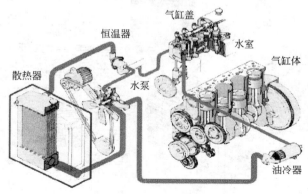

图 3-35　水冷系统

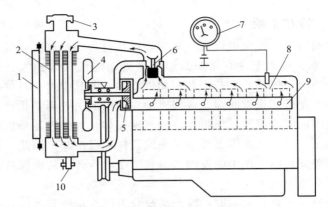

图 3-36　发动机强制循环式水冷系统示意图

1—百叶窗；2—散热器；3—散热器盖；4—风扇；5—水泵；6—节温器；
7—冷却水温度表；8—水套；9—分水管；10—放水阀

　　发动机的水冷却系统由百叶窗、风扇、水泵、分水管、节温器、冷却水温度表等组成。

（2）散热器

　　散热器又叫水箱，其功用是将冷却水中的热量散发到大气中。散热器包括上水室、散热管、散热片、下水室、水箱盖、放水开关等组成，如图 3-37 所示。

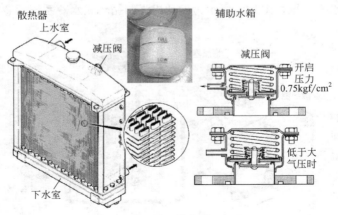

图 3-37　散热器

（3）水泵

水泵的功用是对冷却水加压，使其在冷却系中加速流动循环。目前，离心式水泵被广泛采用。图 3-38 所示为涡轮增压器。

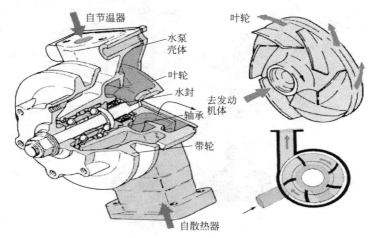

图 3-38　涡轮增压器

（4）节温器

发动机冷却水的温度过高或过低都会给发动机的工作带来危害。节温器的功用是保证发动机始终保持在适当的温度下工作，并能自动地调节冷却强度。目前，广泛采用折叠式双阀门节温器，安装在气缸盖的出水管口，如图 3-39 所示。

（5）防冻液

防冻液的作用是在冬季防止冷却水冻结而使气缸体和气缸盖被冻裂。可在冷却水中加进适量的乙二醇或酒精，配成防冻液。

使用防冻液时必须注意以下事项：

1）乙二醇有毒，在配制时或添加时，应注意不要吸入人体内。

2）防冻液的热膨胀系数大于水，故在加入时，不要加满，防止工作时溢出。

3）发现数量不足时，可加水调节数量和浓度。一般可使用 3 年左右。

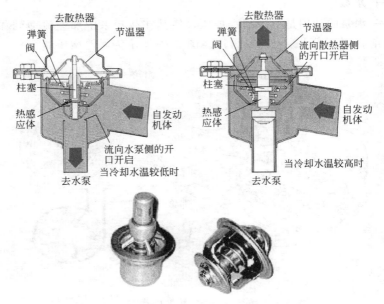

图 3-39　节温器

3.2.6　进排气系统

(1)　进排气系统原理

进排气系统由配气定时齿轮、凸轮轴、推杆、摇臂、摇臂轴、进排气门、气门弹簧、气门导套、空气滤清器、涡轮增压器、消声器、中冷器等组成。图 3-40 为进排气系统原理，将空气吸入气缸，与燃油混合燃烧，燃烧后再将废气向外排掉。

(2)　进排气系统部件

涡轮增压器——利用气缸排出的废气作动力，将高密度的空气送往气缸，如图 3-41 所示。

空冷式中冷器——利用环境温度的空气冷却由涡轮增压器送出的空气，以提高进入燃烧室空气的密度，如图 3-42 所示。

水冷式中冷器——利用冷却系统的循环水冷却由涡轮增压器送出的空气，以提高进入燃烧室空气的密度，如图 3-43 所示。

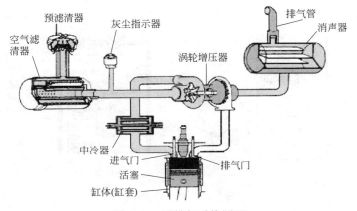

图 3-40　进排气系统原理

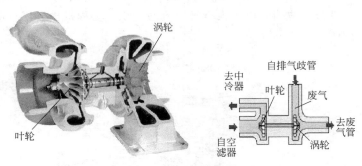

图 3-41　涡轮增压器

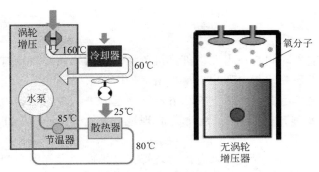

图 3-42　空冷式中冷器

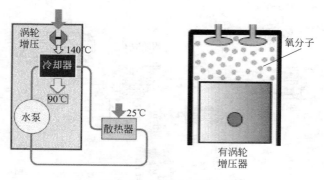

图 3-43　水冷式中冷器

空气滤清器——通过滤纸的方式将送入发动机的空气过滤净化，滤纸被叠成褶状以扩大空气的流通面积，工程机械多用双层滤芯，如图 3-44 所示。

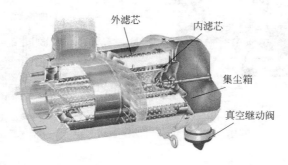

图 3-44　空气滤清器

真空集动阀——当发动机停机负压消失后，该阀自动打开，将集尘箱中积存的灰尘颗粒自动排出，如图 3-45 所示。

灰尘指示器——当空气滤清器被堵塞时，灰尘指示器内的红色柱塞则被弹出，以提醒驾驶员清理或更换空气滤芯，如图 3-46 所示。

消声器——废气如果由排气歧管直接排放到大气中会产生较大的噪声，因此使用消声器可以减小这种噪声，如图 3-47 所示。

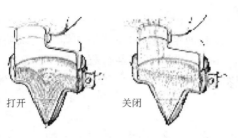

打开 　　　　关闭

图 3-45　真空集动阀

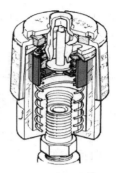

图 3-46　灰尘指示器

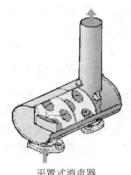

平置式消声器　　　　竖置式消声器　　　　催化式消声器

图 3-47　消声器

3.3 柴油机电控喷油系统

柴油发动机电控燃油喷射系统是在机械控制喷油系统的基础上发展而来的，相比之下具有很多优点：改善发动机燃油经济性；改善发动机冷启动性能；改进发动机调速控制能力；减少发动机尾气污染物；降低了发动机的排气烟度；具有发动机自保护功能；具有发动机自动诊断功能；减少发动机的维护工作量；可通过程序对发动机功率进行重新设定。

3.3.1 电控柴油发动机的发展

柴油电控喷射系统可分为位置控制和时间控制两大类，是从位置控制型逐渐发展到时间控制型。

（1）位置控制

位置控制是在机械控制喷油正时与喷油量的基础之上，应用执行器（电磁液压或电磁式）控制油量调节和喷油提前器，实现喷油正时和喷油器的电子控制。亦可用改变柱塞预行程的方法，实现可变供油速率的电子控制。以满足高压喷射中高速、大负荷和低怠速喷油过程的综合优化控制。

（2）时间控制

时间控制是在高压油路中利用一个或两个高速电磁阀的开闭来控制喷油泵和喷油器的喷油过程。喷油量取决于喷油器开闭时间的长短和喷油压力的大小，喷油正时则取决于控制电磁阀的开闭时刻，从而实现喷油正时喷油量和喷油速率的柔性一体控制。到目前为止，柴油电控喷射系统的发展经历了三代。

① 位置控制系统。第一代柴油机电控燃油喷射系统是位置控制系统。这种系统的主要特点是保留了大部分传统的燃油系统部件，如喷油泵-高压油管-喷油嘴系统和喷油泵中齿条、齿圈、滑套、柱塞上的螺旋槽等零件，只是用电子伺服机构代替机械式调速器来控制供油滑套或燃油齿条的位置，使得供油量的调整更为灵敏和精确。

第一代柴油机电控燃油系统控制内容：油环的位置控制；喷油时间的控制：根据 ECU 的指令由发动机驱动轴和凸轮轴的相位差进行控制。ECU 是根据通过各种传感器检出的发动机状态及环境条件等，计算出适合于发动机状态的最佳控制量，并向执行机构发出相应的指令。

② 时间控制系统。第二代柴油机电控燃油喷射系统是时间控制系统。这种系统是在第一代位置控制式的基础上发展起来的，可以保留原来的喷油泵、高压油管、喷油器系统，也可以采用新型高压燃油系统。其喷油量和喷油定时由电脑控制的强力高速电磁阀的开闭时刻决定：电磁阀关闭，喷油开始；电磁阀打开，喷油结束。即喷油始点取决于电磁阀关闭时刻，喷油量取决于电磁阀关闭时间的长短，因此可以同时控制喷油量和喷油定时。传统喷油泵中的齿

条、滑套、柱塞上的斜槽和控制喷油正时的提前机物等全部取消，对喷射定时和喷射油量控制的自由度更大。

燃油升压是通过喷油泵或发动机的凸轮来实现的。升压开始的时间（与喷油时间对应）以及升压终了时间（从升压开始到升压终了的时间与喷油量相当）是由电磁阀的接通/断开控制的，也就是说，喷油量和喷油时间是由电磁阀直接控制的。

③ 时间-压力控制系统（电控高压共轨系统）。第三代柴油机电控燃油喷射系统是时间-压力控制系统，也称电控高压共轨系统。这种系统包括了高压共轨系统和中压共轨系统。这是 20 世纪 90 年代国外最新推出的新型柴油机电控喷油技术。该系统摒弃了传统的泵-管-喷嘴的脉动供油方式，取而代之的是一个高压油泵，在柴油机的驱动下，连续将高压燃油输送到共轨管内，高压燃油再由共轨送入各缸喷油器，通过控制喷油器上的电磁阀实现喷射的开始和终止。

3.3.2　柴油发动机电控系统的组成和控制原理

(1) 柴油发动机电控系统的组成

电控柴油机喷射系统主要由传感器、开关、ECU（计算机）和执行器等部分组成，如图 3-48 所示。其任务是对喷油系统进行电子控制，实现对喷油量以及喷油定时和运行工况的实时控制。电控系统采用转速、温度、压力等传感器，将实时检测的参数同步输入 ECU 并与 ECU 已储存的参数值进行比较，经过处理计算，按照最佳值对喷油泵、废气再循环阀、预热塞等执行机构进行控制，驱动喷油系统，使柴油机运作状态达到最佳。

(2) 柴油发动机电控系统的控制原理

① 喷油量控制。柴油机在运行时的喷油量是根据两个基本信号来确定的，分别是加速踏板位置和柴油机转速。喷油泵调节齿杆位置则是由喷油量整定值、柴油机转速和具有三维坐标模型的预先存储在控制器内的喷油泵速度特性所确定。在运行中，系统不断校验和校正调节齿杆的实际位置和设定值之间的差异，以获得正确的喷油量，提高发动机的功率。

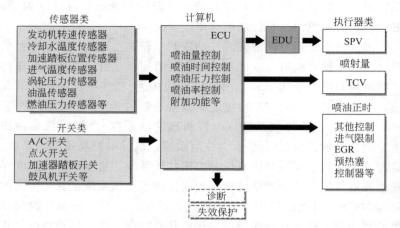

图 3-48　柴油发动机电控系统的组成和原理

② 喷油定时控制。喷油定时是根据柴油机的负荷和转速两个信号确定，并根据冷却水的温度进行校正。

控制器把喷油定时的设定值与实际值加以比较，然后输出控制信号使定时控制阀动作，以确定通至定时器的油量；油压的变化又使定时器的活塞移动，喷油定时就被调整到设定值。当发生故障时，定时器使喷油定时处在最滞后的位置。

③ 怠速两种控制控制。怠速有两种控制方式，分别是手动控制和自动控制。借助于选择开关可选定怠速控制方式。

选定手动控制时，转速由怠速控制旋钮来调整。选择自动控制时，随着冷却液温度逐渐升高，转速从暖车前的 800r/min 降至暖车后的 400r/min。这种方法可缩短车辆在冬季的暖车时间。

④ 巡航控制。车辆的巡航控制是由车速、柴油机转速、加速踏板位置、巡航开关传感器和电子调速器控制器来实现的。一个快速、精密的电子调速器执行器，根据控制器的指令自动进行巡航控制，使发动机始终处于最佳工作状态。在原有的电子调速器基础上，只需增加几个开关和软件就可实现这项功能。

⑤ 柴油消耗量指示器。指示器接收柴油机转速信号和喷油泵调节齿杆位置信号。在工作过程中，柴油消耗状态由安装在仪表板

上的绿、黄、红三色发光二极管显示出来，以作为经济行驶的指示。负荷信号由调节齿杆位置信号提供，而不是由加速踏板位置信号提供。所以，即使在巡航控制状态下行驶时，该指示器也能精确地指示油耗量。

3.3.3 电控共轨燃油喷射系统

为了满足未来更为严格的排放法规要求，进一步改善发动机的燃油经济性，各个柴油发动机制造商都加大了对柴油发动机控制技术的开发和改进。1995年末，日本电装公司将ECD-U2型电控高压燃油共轨成功地应用于柴油机上，并开始批量生产，从此开始了柴油电控共轨燃油喷射系统的新时代。

电控共轨燃油喷射系统是高压柴油喷射系统的一种，它是第三代柴油发动机电控喷射技术，摒弃了直列泵系统，取而代之的是一个供油泵建立一定油压后将柴油送至各缸共用的高压油管（即共轨）内，再由共轨把柴油送入各缸的喷油器。

电控共轨燃油喷射系统喷油压力与喷油量无关，也不受发动机转速和负荷的影响，能根据要求任意改变压力水平，可大大降低NO和颗粒物的排放。

(1) 电控共轨燃油喷射系统的特点

与传统喷射系统相比，电控共轨柴油喷射系统的主要特点有：

① 自由调节喷油压力（共轨压力）。利用共轨压力传感器测量共轨内的燃油压力，从而调整供油泵的供油量、控制共轨压力。此外，还可以根据发动机转速、喷油量的大小与设定了的最佳值（指令值）始终一致地进行反馈控制。

② 自由调节喷油量。以发动机的转速及节气门开度信息等为基础，由计算机计算出最佳喷油量，通过控制喷油器电磁阀的通电、断电时刻直接控制喷油参数。

③ 自由调节喷油率形状。根据发动机用途的需要，设置并控制喷油率形状：预喷射、后喷射、多段喷射等。

④ 自由调节喷油时间。根据发动机的转速和负荷等参数计算出最佳喷油时间，并控制电控喷油器在适当的时刻开启，在适当的

时刻关闭等，从而准确控制喷油时间。

（2）电控共轨燃油喷射系统

为了方便，这里以博世公司的 CRFS 系统来介绍电控共轨燃油系统的结构与工作原理。博世 CRFS 系统主要由燃油箱、滤清器、低压输油泵、高压油泵、溢流阀、压力传感器、高压蓄能器（燃油轨）、喷油器、ECU 等组成，如图 3-49 所示。

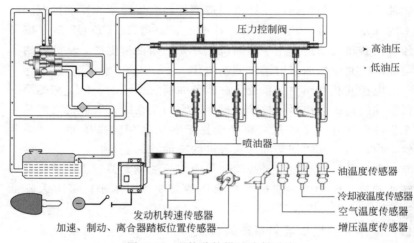

图 3-49　电控共轨燃油喷射系统

电控共轨系统是通过各种传感器和开关检测出发动机的实际运行状态，通过计算机计算和处理后，对喷油量、喷油时间、喷油压力和喷油率等进行最佳控制。

主要部件结构与工作原理。在电控共轨燃油喷射系统中的主要部件有：发动机 ECU、预热控制单元（GCU）、高压油泵、高压蓄能器（燃油轨）、压力控制阀、燃油轨压力传感器和喷油器。

① 发动机 ECU。电控各种传感器和开关检测出发动机的实际运行状态，通过发动机 ECU 计算和处理后，对喷油量、喷油时间、喷油压力和喷油率等进行最佳控制。

发动机 ECU（见图 3-50）按照预先设计的程序计算各种传感器送来的信息，经过处理以后，把各个参数限制在允许的电压电平上，再发送给各相关的执行机构，执行各种预定的控制功能。

微处理器根据输入数据和存储在RAM的中的数据，计算喷油时间、喷油量、喷油率和喷油定时等，并将这些参数转换为与发动机运行匹配的随时间变化的电量。由于发动机的工作是高速变化的，而且要求计算精度

图 3-50 博世公司发动机 ECU

高，处理速度快，因此 ECU 的性能应当随发动机技术的发展而发展，微处理器的内存越来越大，信息处理能力越来越高。

发动机 ECU 主要功能：

喷油方式式控制——多次喷射（现用的为主喷射和预喷射两次）；

喷油量控制——预喷射量自学习控制、减速断油控制；

喷油正时控制——主喷、正时、预喷正时、正时补偿；

轨压控制——正常和快速轨压控制、轨压建立、喷油器泄压控制、轨压 Limp home 控制；

转矩控制——瞬态转矩、加速转矩、低速转矩补偿、最大转矩控制、瞬态冒烟控制、增压器保护控制；

其他控制——过热保护、各缸平衡控制、EGR 控制、VGT 控制、辅助启动控制（电动机和预热塞）、系统状态管理、电源管理、故障诊断。

② 预热控制单元（GCU）。预热控制单元（GCU）用于确保有效的冷启动并缩短暖机时间，这一点与废气排放有着十分密切的关系。预热时间是发动机冷却液温度的一个函数。在发动机启动或实际运转时电热塞的通电时间由其他一系列的参数（如喷油量和发动机的转速等）确定。

新的电热塞因其能快速达到点火所需的温度（4s 内达 850℃）以及较低的恒定温度而性能超群，电热塞的温度因此而限定在一个临界值之内。因此，在发动机启动后，电热塞仍能保持继续通电 3min，这种后燃性改善了启动和暖机阶段的噪声和废气排放。

成功启动之后的后加热可确保暖机过程的稳定、减少排烟、减少冷启动运行时的燃烧噪声。如果启动未成功，则电热塞的保护线路断开，从而防止了蓄电池过度放电。

③ 高压油泵。高压油泵的主要作用是将低压燃油加压成高压燃油，储存在共轨内，等待 ECU 的指令。供油压力可以通过压力限制器进行设定。所以，在共轨系统中可以自由地控制喷油压力。

博世公司电控共轨系统中采用的供油泵如图 3-51 所示。

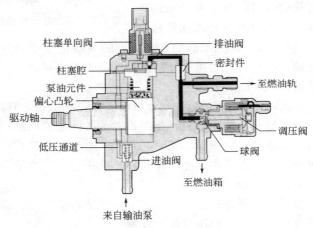

图 3-51　高压油泵结构图

供油泵连接低压油路和高压油路之间，它的作用是在车辆所有工作范围和整个使用寿命期间准备足够的、已被压缩的燃油。除了供给高压燃油之外，它的作用还在于保证在快速启动过程和共轨中压力迅速上升所需要的燃油储备、持续产生高压燃油存储器（共轨）所需的系统压力。

工作原理：高压油泵产生的高压燃油被直接送到燃油蓄能器或油轨中，高压油泵由发动机通过联轴器、齿轮、链条、齿形传动带中的一种驱动且以发动机转速的一半转动，如图 3-51 所示。高压油泵工作原理如图 3-52 所示，在高压油泵总成中有三个泵油柱塞，泵油柱塞由驱动轴上的凸轮驱动进行往复运动，每个泵油柱基都有弹簧对其施加作用力，以免泵油柱塞发生冲击振动，并使泵油柱塞始终与驱动轴上的凸轮接触。当泵油柱塞向下运动时，即通常所称的吸油行程，进油单向阀将会开启，允许低压燃油进入泵油腔，在泵油柱塞到达下止点时，进油阀将会关闭，泵油腔内的燃油在向上运动的泵油柱塞作用下被加压后泵送到蓄能油轨中，高压燃油被存储在蓄能油轨中等待喷射。

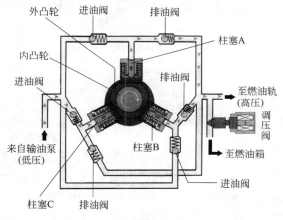

图 3-52 高压油泵工作原理图

④ 高压蓄能器（燃油轨）。燃油轨是将供油泵提供的高压燃油经稳压、滤波后，分配到各喷油器中，起蓄压器的作用。它的容积应削减高压油泵的供油压力波动和每个喷油器由喷油过程引起的压力振荡，使高压油轨中的压力波动控制在 5MPa 以下。但其容积又不能太大，以保证燃油轨有足够的压力响应速度以快速跟踪柴油机工况的变化。

在燃油轨（见图 3-53）上还装配有燃油压力传感器、泄压阀、限压阀等。

a. 燃油压力传感器。燃油压力传感器以足够的精度，在相应较短的时间内，测定共轨中的实时压力，并向 ECU 提供电信号。燃油压力传感器如图 3-54 所示。

燃油经一个小孔流向共轨压力传感器，传感器的膜片将孔的末端封住。高压燃油经压力室的小孔流向膜片。膜片上装有半导体型敏感元件，可将压力转换为电信号。通过连接导线将产生的电信号

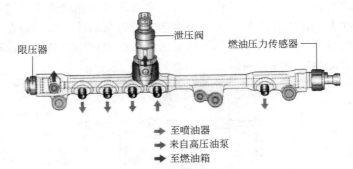

图 3-53 燃油轨

⇨ 至喷油器
⇨ 来自高压油泵
⇨ 至燃油箱

传送到一个向 ECU 提供测量信号的求值电路。

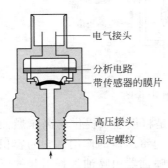

图 3-54 共轨压力传感器

电气接头
分析电路
带传感器的膜片
高压接头
固定螺纹

工作原理：当膜片形状改变时，膜片上涂层的电阻就会发生变化。这样，由系统压力引起膜片形状变化（150MPa 时变化量约 1mm），促使电阻值改变，并在用 5V 供电的电阻电桥中产生电压变化。电压在 0～70mV 之间变化（具体数值由压力而定），经求值电路放大到 0.5～4.5V。精确测量共轨中的压力是电控共轨系统正常工作的必要条件。为此，压力传感器在测量压力时允许偏差很小。在主要工作范围内，测量精度约为最大值的 2%。共轨压力传感器失效时，具有应急行驶功能的调压阀以固定的预定值进行控制。

b. 燃油轨调压阀。调压阀的作用是根据发动机的负荷状况调整和保持共轨中的压力。当共轨压力过高时，调压阀打开，一部分燃油经集油管流回油箱；当共轨压力过低时，调压阀关闭，高压端对低压端密封。

博世公司电控共轨系统中的调压阀（见图 3-55）有一个固定凸缘，通过该凸缘将其固定在供油泵或者共轨上。电枢将一钢球压入密封座，使高压端对低压端密封。为此，一方面弹簧将电枢往下压，另一方面电磁铁对电枢作用一个力。为进行润滑和散热，整个电枢周围有燃油流过。

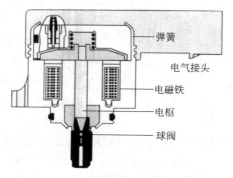

图 3-55　燃油轨调压阀结构

调压阀有两个调节回路：一个是低速电子调节回路，用于调整共轨中可变化的平均压力值；另一个是高速机械液压式调节回路，用以补偿高频压力波动。

工作原理：

调压阀不工作时。共轨或供油泵出口处的压力高于调压阀进口处的压力。

由于无电流的电磁铁不产生作用力，当燃油压力大于弹簧力时，调压阀打开，根据输油量的不同，保持打开程度大一些或小一些，弹簧的设计负荷约为 10MPa。

调压阀工作时。如果要提升高压回路中的压力，除了弹簧力之外，还需要再建立一个磁力控制调压阀，直至磁力和弹簧力与高压压力之间达到平衡时才被关闭。然后调压阀停留在某个开启位置，保持压力不变。当供油泵改变，燃油经喷油器从高压部分流出时，通过不同的开度予以补偿。电磁铁的作用力与控制电流成正比，控制电流的变化通过脉宽调制来实现。调制频率为 1kHz 时，可以避免电枢的干扰运动和共轨中的压力波动。

c. 限压阀。限压阀是控制燃油轨中的压力，防止燃油压力过大，相当于安全阀，当共轨中燃油压力过高时，打开放油孔卸压。

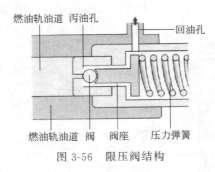

燃油轨油道　泻油孔

回油孔

燃油轨油道　阀　阀座　压力弹簧

图 3-56　限压阀结构

丰田公司电控共轨系统中的限压阀（见图 3-56），主要由球阀、阀座、压力弹簧及回油孔等组成。

当燃油轨油道内的油压大于压力弹簧的压力时，燃油推开球阀，柴油通过泻压孔和回油油路流回燃油箱中。当燃油轨油道内的油压不超过压力弹簧，球阀始终关闭泻压孔。以保持油道内的油压的稳定。

⑤ 电控喷油器。电控喷油器是共轨系统中最关键和最复杂的部件，也是设计、工艺难度最大的部件。ECU 通过控制电磁阀的开启和关闭，将高压油轨中的燃油以最佳的喷油定时、喷油量和喷油率喷入到燃烧室。

为了实现有效的喷油始点和精确的喷油嘴，共轨系统采用了带有液压伺服系统和电子控制元件（电磁阀）的专用喷油器。博世电控喷油器的代表性结构如图 3-57(a) 所示。

喷油器可分为几个功能组件：孔式喷油器、液压伺服系统和电磁阀等。

工作原理如下：

燃油从高压接头经进油通道送往喷油嘴，经进油节流孔送入控制室。控制室通过由电磁阀打开的回油节流孔与回油孔连接。

回油节流孔在关闭状态时，作用在控制活塞上的液压力大于作用在喷油嘴针阀承压面上的力，因此喷油嘴针阀被压在座面上，从而没有燃油进入燃烧室。

电磁阀动作时，打开回油节流孔，控制室内的压力下降，当作用在控制活塞上的液压力低于作用在喷油嘴针阀承压面上的作用力时，喷油嘴针阀立即开启，燃油通过喷油孔喷入燃烧室，如图 3-57(c) 所示。由于电磁阀不能直接产生迅速关闭针阀所需的力，因此，经过一个液力放大系统实现针阀的这种间接控制。在这个过程中，除喷入燃烧室的燃油量之外，还有附加的所谓控制油量经控制室的节流孔进入回油通道。

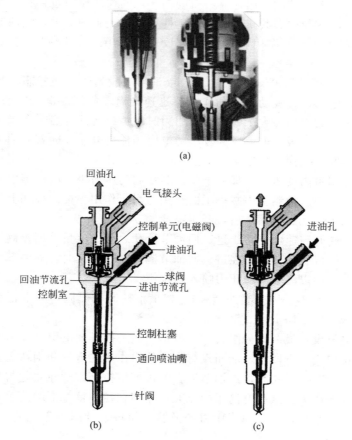

图 3-57　博世共轨式喷油器

（a）喷油器实物剖面图；（b）喷油器关闭状态（不喷油）；（c）喷油器开启状态（喷油）

在发动机和供油泵工作时，喷油器可分为喷油器关闭（以存有的高压）、喷油器打开（喷油开始）、喷油器关闭（喷油结束）三个工作状态。

a. 喷油器关闭（以存有的高压）。电磁阀在静止状态不受控制，因此是关闭的，如图3-57（b）所示。

回油节流孔关闭时，电枢的钢球受到阀弹簧弹力压在回油节流孔的座面上。控制室内建立共轨的高压，同样的压力也存在于喷油嘴的内腔容积中。共轨压力在控制柱塞端面上施加的力及喷油器调压弹簧的力大于作用在针阀承压面上的液压力，针阀处于关闭状态。

b. 喷油器打开（喷油开始）。喷油器一般处于关闭状态。当电磁阀通电后，在吸动电流的作用下迅速开启，如图3-57(c)所示。当电磁铁的作用力大于弹簧的作用力时回油节流孔开启，在极短时间内，升高的吸动电流成为较小的电磁阀保持电流。随着回油节流孔的打开，燃油从控制室流入上面的空腔，并经回油通道回流到油箱。控制室内的压力下降，于是控制室内的压力小于喷油嘴内腔容积中的压力。控制室中减小了的作用力引起作用在控制柱塞上的作用力减小，从而针阀开启，开始喷油。

针阀开启速度决定于进、回油节流孔之间的流量差。控制柱塞达到上限位置，并定位在进、回油节流孔之间。此时，喷油嘴完全打开，燃油以近于共轨压力喷入燃烧室。

c. 喷油器关闭（喷油结束）。如果不控制电磁阀，则电枢在弹簧力的作用下向下压，钢球关闭回油节流孔。

电枢设计成两部分组合式，电枢板经一拔杆向下引动，但它可用复位弹簧向下回弹，从而没有向下的力作用在电枢和钢球上。

回油节流孔关闭，进油节流孔的进油使控制室中建立起与共轨中相同的压力。这种升高了的压力使作用在控制柱塞上端的压力增加。这个来自控制室的作用力和弹簧力超过了针阀下方的液压力，于是针阀关闭。

针阀关闭速度决定了进油节流孔的流量。

第4章 液压系统

4.1 液压系统概述

挖掘机的液压系统是按照挖掘机工作装置和各个机构的传动要求，把各种液压元件用管路有机地连接起来的组合体。其功能是，以油液为工作介质，利用液压泵将发动机的机械能转变为液压能并进行传送，然后通过液压缸和液压马达等，将液压能再转换为机械能，实现挖掘机的各种动作。用液体作为工作介质来传递能量和进行控制的传动方式称为液压传动。

小松挖掘机的液压系统是 CLSS 压力补偿式液压系统，如图4-1 所示。该液压系统具有高技术、高可靠性、结构简单等优点。通过对主泵的变量控制，使液压系统的吸收功率与发动机的输出功率达到最佳匹配。操纵性能不受负载影响，实现精确控制，使挖掘更平稳。在复合操作时，具有按照滑阀的开口面积决定流量分配的性能，保持其相对速度不变的特点。这是小松挖掘机液压系统有别于其他液压系统的最大特点。

（1）液压传动的工作原理

如图 4-2 所示，液压泵由电动机驱动旋转，从油箱中吸油。油液经过滤器进入液压泵，当它从液压泵输入进入压力管后，通过变换开停阀、节流阀、换向阀的阀芯的不同位置，控制油液进入液压缸，实现活塞的运动、停止和移动速度的变化。图 4-2 所示为开停阀、换向阀处于初始位置，节流阀处于关闭状态。压力管中的油液将经溢流阀和回油管排回油箱，不输送到液压缸中去，活塞呈停止状态。

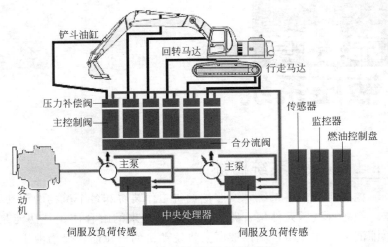

图 4-1　小松液压 CLSS 系统图

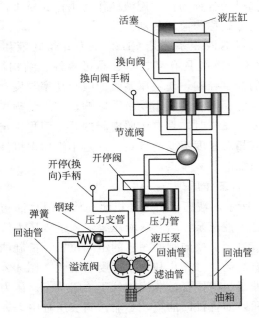

图 4-2　液压传动工作原理

当换向阀和开停阀手柄左移，节流阀打开，压力管中的油液经过开停阀、节流阀和换向阀进入液压缸的右腔，推动活塞左移，并使液压缸左腔的油液经换向阀和回油管排回到油箱。当开停阀手柄左移、换向阀右移后，压力管中的油液将经过开停阀、节流阀和换向阀进入液压缸的左腔，推动活塞向右移动，并使液压缸右腔的油液经换向阀和回油管排回到油箱。

（2）液压传动系统的组成

由此可见，液压传动是以液体作为工作介质来进行工作的，一个完整的液压传动系统应由以下几部分组成。

① 能源装置。又称动力元件，把机械能转化成液体压力能的装置，常见的是液压泵。

② 执行装置。又称执行元件，把液体压力能转化成机械能的装置，一般常见的形式是液压缸和液压马达。

③ 控制调节装置。又称控制元件，对液体的压力、流量和流动方向进行控制和调节的装置。这类元件主要包括各种控制阀或由各种阀构成的组合装置。这些元件的不同组合，组成了能完成不同功能的液压系统。

④ 辅助装置。又称辅助元件，指以上三种组成部分以外的其他装置，如各种管接件、油管、油箱、过滤器、蓄能器、压力表等，起连接、输油、储油、过滤、储存压力能和测量等作用。

⑤ 传动介质。能传递能量的液体，如各种液压油、乳化液等。

（3）液压传动系统的表达符号

图 4-3 的液压系统图是一种半结构式的工作原理图。它直观性强，容易理解，但较难绘制。在实际工作中，除少数特殊情况

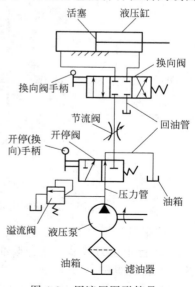

图 4-3 用液压图形符号
表示传动系统

外，一般都采用图 4-3 液压与气动图形符号绘制。

图形符号只表示元件的功能，不表示元件的具体结构和参数；只反映各元件在油路连接上的相互关系，不反映其空间安装位置；只反映静止位置或初始位置的工作状态，不反映其工作过程。故使用图形符号既可便于绘制，又可使液压系统简单明了。

（4）动力传输路线

挖掘机是通过柴油机把柴油的化学能转化为机械能，由液压柱塞泵把机械能转换成液压能，通过液压系统把液压能分配到各执行元件即液压油缸、回转马达和行走马达，由各执行元件再把液压能转化为机械能，实现工作装置的运动、回转平台的回转运动、整机的行走运动，如图 4-4 所示。

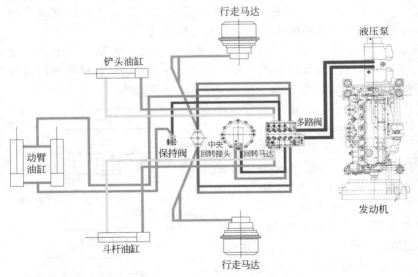

图 4-4　挖掘机动力传输路线示意图

挖掘机各运动和动力传输路线（见图 4-4）如下。

①　行走动力传输路线：柴油机——联轴器——液压泵（机械能转化为液压能）——分配阀——中央回转接头——行走马达（液压能转化为机械能）——减速箱——驱动轮——轨链履带——实现行走。

②　回转运动传输路线：柴油机——联轴器——液压泵（机械

能转化为液压能）——分配阀——回转马达（液压能转化为机械能）——减速箱——回转支承——实现回转。

③ 动臂运动传输路线：柴油机——联轴器——液压泵（机械能转化为液压能）——分配阀——动臂油缸（液压能转化为机械能）——实现动臂运动。

④ 斗杆运动传输路线：柴油机——联轴器——液压泵（机械能转化为液压能）——分配阀——斗杆油缸（液压能转化为机械能）——实现斗杆运动。

⑤ 铲斗运动传输路线：柴油机——联轴器——液压泵（机械能转化为液压能）——分配阀——铲斗油缸（液压能转化为机械能）——实现铲斗运动。

4.2 液压泵

液压泵将发动机传来的机械能转换为液压能，为液压系统提供一定流量的压力油，驱动液压油缸和液压马达，是整个液压系统的动力源，如图4-4所示。液压泵结构总成如图4-5所示。图4-6所示为液压泵总成分解图。

图 4-5　液压泵总成

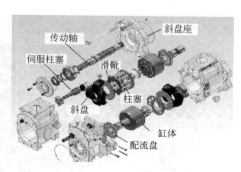

图 4-6　液压泵总成分解图

4.3 控制阀

主控制阀受 PPC 阀产生的 PPC 油压作用，控制从主泵到各油缸、马达的液压油的流向及流量，同时各油缸、马达中的油需通过该阀返回油箱。如图 4-7、图 4-8 所示。

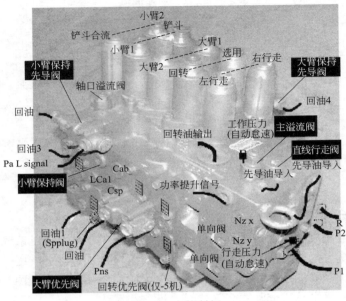

图 4-7 主控制阀

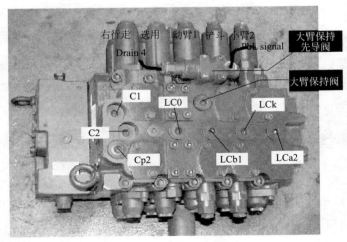

图 4-8 控制阀侧部

4.4 执行元件

（1）回转马达

利用液压马达和行星轮减速机构驱动上部车体作回转运动的装置，如图 4-9 所示。

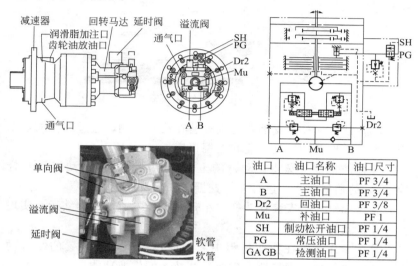

油口	油口名称	油口尺寸
A	主油口	PF 3/4
B	主油口	PF 3/4
Dr2	回油口	PF 3/8
Mu	补油口	PF 1
SH	制动松开油口	PF 1/4
PG	常压油口	PF 1/4
GA GB	检测油口	PF 1/4

图 4-9　回转马达

（2）行走马达

由行走马达和减速器组成。安装在挖掘机的左、右驱动轮上，驱动履带使挖掘机前进、后退和转弯，如图 4-10 所示。

图 4-10　行走马达

（3）工作装置

工作装置由动臂、斗杆、铲斗及其油缸等组成，如图 4-11 所示。

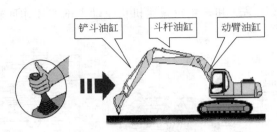

图 4-11 操作工作装置

动臂油缸——两支油缸分别安装在动臂两侧，通过其伸缩运动来调整机器作业的挖掘高度和挖掘深度；

斗杆油缸——安装在动臂的上部，通过其伸缩运动实现斗杆（小臂）的前后动作，进行斗杆挖掘或卸载作业；

铲斗油缸——安装在斗杆（小臂）上部，通过其伸缩运动实现铲斗挖掘及卸载作业。

整个工作装置在作业过程中需要通过各个工作装置的复合动作，才能更好地实现快捷、省时、高效率的作业功能。

4.5 辅助元件

液压辅件是组成完整液压系统不可缺少的液压元件，这些辅件主要包括密封元件、液压油箱、油冷却器、油管和管接头、过滤器、蓄能器等。

它们在液压系统中的数量很大（如油管和管接头），分布很广（如密封装置），影响很大（如滤油器、密封装置）。如果选择不当，会严重影响整个液压系统的工作性能，甚至使液压系统无法正常工作。因此，必须重视液压辅件的研制和选用。

（1）液压油箱结构组成

油箱分为开式油箱和闭式油箱（充气油箱）两种。开式油箱中油液的液面与大气相通，而闭式油箱中油液的液面与大气隔绝。液压系统多数采用开式油箱。油箱用以储存油液，以保证供给液压系统充分的工作介质。同时还具有散热、使渗入油液中的气体逸出、水分分离以及使油液中的污物沉淀等作用。

开式油箱又分为整体式和分立式。所谓整体式是指利用主机的底座等作为油箱，或者液压系统的大部分元件都安装在油箱内，如采煤机的液压驱动系统。而分离式油箱则与主机分离与泵等组成一个独立的供油单元。图4-12、图4-13是一种开式油箱的结构示意图。它主要由箱体、吸油管、回油管、隔板、注油口、油位计、泄油口等组成。

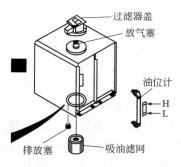

图 4-12　液压油箱组件

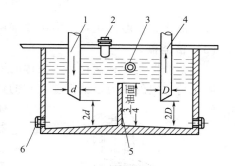

图 4-13　油箱结构示意图

1—回油管；2—注油口；3—油位计；

4—吸油管；5—隔板；6—泄油口

（2）液压冷却器 （见图4-14）

为控制油液温度，液压系统大多数配有冷却器和加热器。在工程机械等移动设备上，冷却器和加热器与油箱是分开的。液压系统中常用油液的工作温度以 40～60℃ 为宜，最高温度不大于 70℃，最低不小于 15℃。温度过高将使油液加速变质，同时使液压泵的容积效率下降；温度过低会使液压泵吸油困难。

液压系统中的功率损失几乎全部变成热量，使油液温度升高。如果油箱有足够的散热面积，最后的平衡力温度就不会过高，如果散热面积不够大，则必须采用冷却器，使油液的平衡温度降低到合适的范围内。按冷却介质不同，冷却器可分为风冷、水冷和氨冷等

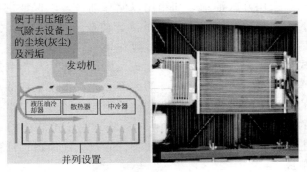

图 4-14　液压冷却器

多种形式。一般液压系统中主要采用前两种。

（3）蓄能器

蓄能器是一种储存压力液体的液压元件。为了使其所储存的液体保持一定的压力，就需要在它的边界上作用一定的外力（即对液体加载）。当系统需要时，蓄能器中所储存的压力液体在其加载装置的作用下被释放出来。输出到系统中去工作；而当系统中工作液体过剩时，这些多余的液体又会克服蓄能器中加载装置的作用力，进入蓄能器而储存起来。因此蓄能器既是液压系统中的一个辅助液压源，又是液压系统中多余能量的吸收和储存装置。

气囊式蓄能器也是一种隔离式蓄能器，其结构如图 4-15 所示。外壳为均质无缝的高压容器，上端有一个小孔可固定气门嘴，下端的大孔用以安装进、排液口部件。梨形气囊用合成耐油橡胶制成，模压在气门嘴一端，

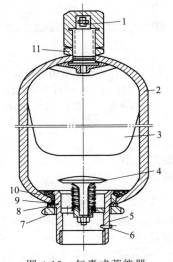

图 4-15　气囊式蓄能器

1—充气阀；2—外壳；3—气囊；4—提升阀；5—进、排液部件；6—放气塞；7—压紧螺母；8—垫片；9—O 形密封圈；10—卡箍；11—螺母

形成一个密闭的空间。整个气囊由容器下端的大孔装入，并将气门嘴穿进上端小孔后用螺母固定，气门嘴的上端是充气阀。进、排液口部件由提升阀、放气塞（供管路系统排气用）、垫片、O形密封圈等组成，它用半圆卡箍和压紧螺母固定在壳体下端大孔中。装卸部件时，必须首先将其推入壳体内，然后才能放置或取出卡箍。当气囊中充有气体时，部件就推不进去，因此这种结构可以保证气囊式蓄能器的安全。提升阀的作用是在液体全部排尽时，防止气囊胀出壳体之外。

气囊式蓄能器具有储气腔和油液腔密封可靠，气囊的运动质量小，反应灵敏等优点。此外，整个蓄能器的体积和质量都比较小，结构很紧凑。因此是目前应用最广泛的一种蓄能器。其缺点是气囊和壳体的制造工艺比较复杂，要求也高，而且气囊材质对工作温度的限制比较严格，一般为－20～70℃。

（4）中心回转接头的结构

图4-16所示为中心回转接头，其主要由旋转芯、外壳和密封件等组成。旋转芯与底盘连接。外壳与回转平台相连并随平台一起转动。旋转芯外表面开有环形槽与芯内的垂直孔相通，并与下部行走机构的油管连通。外壳上径向孔与上部工作工作机构的油管相连通，液压系统工作时，高压油从外壳孔通过旋转芯的环槽进入芯内的垂直孔，再由其下部的水平孔通过管子到各个部位。所以转台旋转时，外壳虽然围绕转台转动，但始终能向旋转芯的环形槽供油，从而保持机械的工作需要。

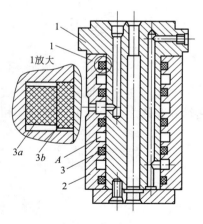

图4-16　中心回转接头
1—旋转芯；2—外壳；3—密封件

图4-17是中央回转接头是360°回转接头。当上部回转平台转动时，中央回转接头避免软管扭曲，使液压油平稳地流进流出行走

马达。主轴安装在主机架上，壳体用螺栓与下部行走体的回转中心连接。液压油通过芯轴和壳体的油口流到左右行走马达。密封环防止芯轴和壳体的油漏进相邻油道。

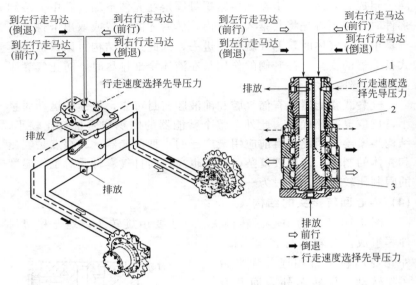

图 4-17 日立 ZX200-3 型液压挖掘机中心回转接头
1—芯轴；2—壳体；3—密封环

　　液压油通过芯轴和壳体油口流到左右行走马达。密封环可防止芯轴和壳体之间泄漏的油液进入相邻的通道中去。

第5章
电气控制系统

挖掘机的电气设备分为两大部分,一部分叫基本电路,另一部分叫控制电路,如图 5-1 所示。

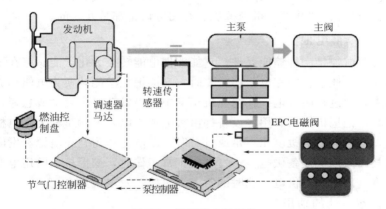

图 5-1 挖掘机电气设备

挖掘机的电气设备由电源系统、用电设备（启动系统、照明装置、信号装置、电子控制装置、辅助电器）、电气控制装置（各种仪表、报警灯）与保护装置（接线盒、开关、保险装置、插接件、导线）等组成。

控制电路由传感器、电脑控制器和电磁阀构成。

5.1 挖掘机电气设备

挖掘机电气设备的特点是低压、直流、单线制、负极搭铁和并联。"低压"指电气系统的电压等级采用 12V 和 24V 两种（标称电压)，它是从每单格蓄电池按 2V 电压计算所得到的数值，并不是电气系统的额定工作电压。12V 用于装有小功率柴油机的挖掘机上，24V 一般用于大中功率的柴油机挖掘机上。为了使挖掘机工作时，发电机能对蓄电池充电，挖掘机电气系统的额定电压为 14V 和 28V。"直流"指启动机为直流电动机，必须由蓄电池供电，而蓄电池电能不足必须用直流电来充电。"单线制"指从电源到用电设备之间只用一条导线连接，而另一条导线则由金属导体制成的发动机机体和挖掘机车替构成闭合电路的接线方式。"负极搭铁"指采用单线制时，蓄电池的负极必须用导线接到车体上，电气设备与车体的连接点称为搭铁点，即：具有正负极的电气设备，统一规定为负极搭铁。"并联"指挖掘机所有用电设备都是并联的。

5.1.1 蓄电池

蓄电池是一种储能元件，它能够把电能转换为化学能储存在蓄电池内，此过程叫充电；在需要时它又能把化学能转换为电能释放出来，此过程叫放电。在内燃机车辆中，当发动机未发动或怠速运转时，挖掘机上所有用电设备都由蓄电池供电，虽然车辆上发电机已发电，但发电机电压不足或过载时，蓄电池作为补充电源和发电机共同向用电设备供电。当发动机正常工作时，挖掘机上的用电设备将全部发电机供电，此时的蓄电池也接受发电机充电。

(1) 蓄电池的功用

1) 在启动期间，它为启动系统、点火系统、电子燃油喷射系统和汽车的其他电气设备供电。

2) 当发动机停止运转或低怠速运转的时候，由它给汽车用电设备供电。

3) 当出现用电需求超过发电机供电能力时，蓄电池也参加供电。

4) 蓄电池起到了整车电路的电压稳定器的作用，能够缓和电路中的冲击电压，保护汽车上的电子设备。

5) 在发电机正常工作时，蓄电池将发电机发出的多余的电能存储起来进行充电。

（2）蓄电池的组成

蓄电池由正极板、负极板、隔板、电解液、电池盖板、加液孔盖和电池外壳组成，如图 5-2 所示。

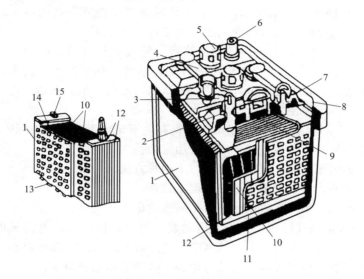

图 5-2　蓄电池结构

1—蓄电池外壳；2—封闭环；3—正极桩；4—连接条；5—加液孔盖；6—负极桩；7—电池盖；8—封料；9—护板；10—隔板；11—负极板；12—正极板；13—支承凸起；14—模板；15—连接桩

（3）蓄电池的使用和保养

1）正确选用。车辆上所用蓄电池已按要求选配好，换用新蓄电池时，必须符合原型号的电压、容量和外形尺寸。

2）蓄电池正确使用和保养。蓄电池的工作性能和使用寿命不仅决定于本身的结构和制造质量，而且与使用保养的好坏有关。使用不当，就会造成蓄电池早期损坏，使用注意事项主要有：

① 加液孔盖的通气孔应保持畅通。新蓄电池加液孔盖上的勇气孔常用蜡或塑料密封，使用前应启封。平时要经常检查通气孔，保证畅通。否则，在充、放电过程中，因化学反应产生的气体不能放出，会使蓄电池鼓爆。

② 经常保持蓄电池外部清洁和干燥。

③ 蓄电池的极柱要清洁，连接要牢固可靠，及时去除极柱和连接线头处的氧化物。

④ 防止蓄电池短路。严禁将任何金属器件放在蓄电池上。同时，还应及时清除蓄电池上的积水和污物。

⑤ 定期检查电角质液面的高度。液面应比极板上的护板高出10～15mm。过高，会使电解液外溢；过低，则极板上部露出，使极板硫化，蓄电池容量降低。如需添加电解液，最好在蓄电池充电时添加，以便使之混合均匀。

⑥ 蓄电池应经常充足电，如果存电不足，不仅电气性能不好，而且容易造成极板硫化，缩短使用寿命。

蓄电池的放电程度，可用以下两种方法来检查：

第一，通过测量电解液密度来判断。

第二，用高率放电计测量单格电池电压来判断。

⑦ 正确进行启动操作，启动发动机时，接通启动电动机的时间不得超过5s。如一次不能启动，应间隔2～3min后再启动。如连续三次不能启动的，应检查原因，排除故障后再启动。

⑧ 寒、暑季节应注意蓄电池的保温和隔热。

⑨ 正、负极不能接错。启动用蓄电池如极性接错，会烧坏交流发电机；牵引用蓄电池如极性接错有可能损坏控制装置。

⑩ 妥善保存。蓄电池如长期不用，应调整好电解液，充足电、清洗擦干放在通风、干燥、避光、温度不低于0℃的室内。

(4) 蓄电池的充电

蓄电池必须用直流充电。

1）充电方法。一般有定压法和定流法两种。

① 定压充电法：在充电过程中，加在蓄电池两端充电电压保持恒定（每单格电压为2.4V或2.5V）的方法称为定压充电。此法适用于紧急用普通充电电压，不适用于蓄电池的初充电和消除蓄电池的硫化充电。

② 定流充电法：充电电流保持恒定。定流充电可以任意选择调整充电电流，以符合极板的化学变化规律。此法适应性大，能进行

蓄电池的各种充电。但此法充电时间长，并需经常有人调节充电电流。

2）充电种类。根据蓄电池的不同技术状态，主要有以下四种类型的充电。

① 初充电：新蓄电池在使用之前的首次充电，初充电的好坏关系到蓄电池能否给出额定容量和使用寿命。

② 补充充电：启动用蓄电池每月至少进行一次补充充电，牵引用蓄电池般每班都要进行补充充电。

③ 消除硫化充电：极板上生成的白色粗晶粒硫酸铅称为蓄电池硫化后，内阻增大，容量变低，性能变差，通过小电流反复充放电，使极板上的晶粒硫酸铅溶解，活性物质复原。

④ 预防性过充电和锻炼循环充电：蓄电池往往由于充电不足而停留在部分充电状态，长期在此状态下工作容易导致极板硫化，为此每隔三个月用补充充电的方法重复间隙性充电，直到最后一次充电在两分钟内出现"沸腾"时为止。

3）充电注意事项。

① 严格按规范充电，若发现异常现象，先排除故障再充电。

② 充电时，将加液孔盖打开以便将气体充分逸出，保持充电场所通风良好。

③ 严防明火，防止火灾和氢气爆炸。

④ 充电时应设有记录簿，以备查考。

5.1.2 启动电路

电动机启动是以蓄电池为能源，由电动机把电能转换为机械能，通过齿轮副使发动机油轴旋转，实现发动机启动，此法为大多数机动车采用。启动电路及组成如图5-3所示。

（1）启动机的功用与组成

启动机一般由三部分组成，如图5-4所示。直流串动式电动机其功用是产生转矩；传动机构的功用是在发动机启动时，使启动机驱动齿轮啮入飞轮齿圈，将启动机的转矩传给发动机曲轴，而发动机启动后，使驱动齿轮打滑与飞轮齿圈自动脱开；控制装置用来接通和切断电动机与蓄电池之间的电路。

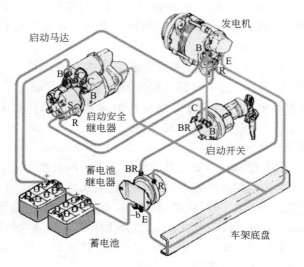

图 5-3 启动电路

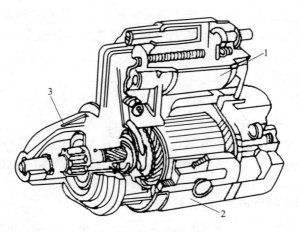

图 5-4 启动机的结构

1—电磁开关（控制装置）；2—直流电动机；3—传动机构

（2）启动电动机

启动电动机由直流电动机、操纵机构和离合器机构三部分组成。

关于直流电动机将在后面介绍，本处不予赘述。

启动发动机所需启动功率可用下列经验公式确定。

对柴油机：$P=(0.17 : 1.6)L$（kW）

其中 L 为发动机排量，指发动机各气缸工作容积的总和。

启动机的操纵机构：机动车上使用的启动机按其操纵方式不同有直接操纵式和电磁操纵式（远距离操纵式）两种，直接操纵式现已很少使用。

电磁操纵式是由驾驶员通过启动开关（或按钮）操纵继电器而由继电器操纵启动机电磁开关和齿轮副或通过启动开关直接操纵启动机电磁开关和齿轮副。

启动机的离合机构：当发动机开始工作之后，启动机应立即与曲轴分离，否则，随发动机转速的升高将使启动机大大超速，由此产生很大的离心力而使启动机损坏，离合机构能实现在启动时把启动机的动力通过飞轮传给发动机曲轴，一旦启动完毕，又使启动机和飞轮脱开。

(3) 启动机使用注意事项

① 每次连续工作时间不能超过 5～15s，如果一次不能启动发动机需再次启动时，应停歇 2～3min，否则将引起电动机线圈过热，对蓄电池工作也不利。

② 启动机是在低电压大电流情况下工作，导线截面要足够粗，各接点要接触紧固，否则因附加电阻增大而使启动机不能正常工作。

③ 启动机必须安装紧固可靠，和发动机飞轮应保持平行。

④ 启动机要配用足够容量的蓄电池，否则会造成启动机功率不足，而不能正常启动发动机。

⑤ 严禁在发动机工作或尚未停转时接通启动开关，以防驱动齿轮与飞轮齿环发生剧烈冲击，而造成齿轮副损坏。

⑥ 发动机启动后应立即松开启动按钮，使驱动齿轮与飞轮齿轮及时脱离，以减少离合器的磨损。

⑦ 冬季启动发动机时应采取预热措施，加装预热装置，以加

热进入气缸的混合气体、冷却水和机油，常用的预热装置有以下几种。

　　a. 电热塞：电热塞安装在柴油机气缸盖上，每缸一个，加热气缸内的混合气体。

　　b. 热胀式电火焰预热器：该预热器通常安装在发动机的进气歧管上，由油路和电路两部分组成。预热器不工作时，其阀门闭死，油箱受热伸长，使阀门打开，燃油流入阀体受热气化成雾状，喷离阀体后即被炽热的电阻丝点燃，形成 200mm 左右的火焰，预热进入进气歧管的空气，便于柴油机启动。当电路切断后，温度下降，阀体收缩，阀自动闭死，油路被切断断。

5.1.3　充电电路

　　目前，一种新型交流发电机开始广泛应用在各种车辆上。这种新型交流发电机采用内装式风扇、内装式调节器和八管制全波整流。具有输出高、重量轻、结构紧凑等特点。

（1）交流发电机的功用

　　在发电机正常工作情况下，发电机除对点火系统及其他用电设备供电外，还对车上蓄电池充电。

（2）交流发电机的组成

　　三相同步交流发电机由转子总成、定子总成、传动带轮、风扇、前后端盖及电刷等部件组成，如图 5-5 所示。

（3）结构特点

　　① 转子：转子为转向式，转子两侧安装有风扇，通风效果好。

　　② 端盖：端盖除支撑发电机转子和用来安装固定发电机外，在前后端盖上还设计了许多孔，用来改善冷却性能，整流器、刷架、集成电路调节器等均用螺钉固定在后端盖上。

　　③ 定子：定子是由定子线圈和定子铁芯组成，和定子前端盖组成一个整体，使定子产生的任何热量都将前端盖传导，大大改善了冷却特性。

　　④ 整流器：整流器是由八个硅二极管紧凑地组成一个整体，为了耗散输出电流引起的发热，在整流器表面设计有散热筋，用来

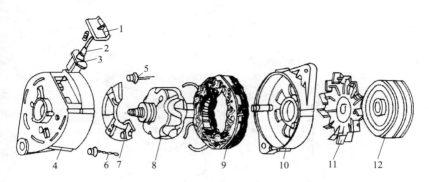

图 5-5　JF132 型交流发电机组件

1—电刷弹簧压盖；2—电刷；3—电刷架；4—后端盖；5—硅二极管（正）；6—硅二极管（负）；7—散热板；8—转子；9—定子总成；10—前端盖；11—风扇；12—带轮

改善散热性能。增加了中性二极管后，提高了交流发电机的输出。

⑤ 集成电路调节器：集成电路调节器装在交流发电机内部，它是由集成电路和混合电路组合成一个单块整体。采用混合电路的原因，是由于半导体集成电路对集成大容量的电容和电阻比较困难。

（4）发电电路（见图 5-6）

启动开关接通时，①控制电流：蓄电池＋→发电机 B 端子→启动开关 B 端子→启动开关 C 端子→启动马达 S 端子→车架→蓄电池。②启动强电流：蓄电池＋→启动马达 B 端子→车架→蓄电池－充电电路电流：发电机 B 端子→启动开关 B 端子→蓄电池＋→蓄电池－→车架→发电机 E 端子。

5.1.4　辅助装置

（1）启动辅助装置

电流流经预热塞使其顶端烧灼，点燃喷射的燃油带状电加热器使冷空气在进入气缸之前得到预热，启动辅助装置见图 5-7。

（2）继电器

在汽车电路中，继电器起开关作用，它是利用电磁或其他方法（如热电或电子），控制某一回路的接通或断开，实现用小电流控制

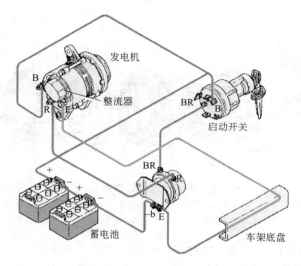

图 5-6　发电电路

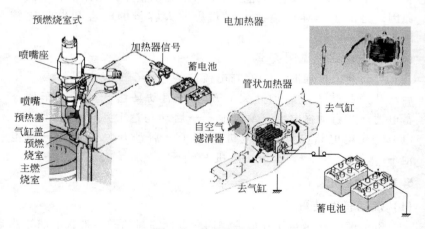

图 5-7　启动辅助装置

大电流，从而减小控制开关触点的电流负荷。如空调器继电器、喇叭继电器、雾灯继电器、风窗刮水器/清洗器继电器、危险报警与转向继电器等。常用的小型通用继电器如图 5-8 所示。

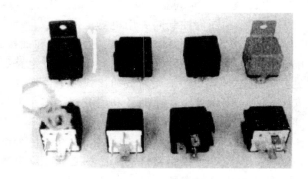

图 5-8　常用继电器

1）继电器的功用。继电器主要由电磁线圈和触点等组成，其作用是通过线圈的电流控制触点的通而控制用电器的工作电流。

2）继电器的符号。继电器在电路图中用电气符号表达，符号由线圈与开关组成，线圈与开关用虚线连接，表示此开关受该线圈控制。继电器中开关一般表现该系统处于不工作状态时的位置。

3）继电器的种类。继电器分为电压型和电流型两种。

① 电流型继电器。电流型继电器的特点是电磁线圈通过的电流较大，而经过触点的电流较小。如舌簧继电器，圆管玻璃内有两个舌形触点，玻璃管外有粗导线线圈。电磁线圈通电时，触点闭合；电磁线圈断电时，触点断开。它常用于对灯的监测电路，电磁线圈和灯泡串联，触点控制仪表板上的相应故障指示灯的工作。

② 电压型继电器。电压型继电器的特点是电磁线圈通过的电流较小，而经过触点的电流较大。电压型继电器缺点一般有以下几种：

a. 常开式：电磁线圈通电时，触点闭合。

b. 常闭式：电磁线圈通电时，触点断开。

c. 切换式：同一继电器内有两对触点。一对触点常开，另外一对触点常闭。电磁线圈通电时，常开触点闭合，常闭触点断开。

d. 有多个电磁线圈的继电器：即多个电磁线圈共同控制一对触点，常用于多个控制器件控制同一用电器。

4）继电器的连接。继电器的连接方式有接柱式和插接式两种。接柱式继电器触点容量可做得较大，在国产车的启动电路、喇叭电路中很常见，但是连接繁琐，正逐渐被插接式继电器取代。插接式继电器因安装方便、体积较小，在国外和国产新型汽车上得到了广泛应用。

当电子控制器件和继电器组装成一体时，要注意区分继电器的各接线端，哪些是属于电子控制器件的；哪些是属于继电器电磁线圈的；哪些是属于继电器触点的。

（3）熔断器

熔断器熔丝用于对局都电路进行保护，按形状可分为丝状、管状和片状，如图 5-9 所示。

图 5-9 熔断器

熔丝能承受长时间的额定电流负载。在过载 25% 的情况下，约在 3min 内熔断；而在过载一倍的情况下，则不到 1s 就会熔断。熔丝的熔断包括两个动作过程，即熔体发热熔化过程和电弧熄灭过程。这两个过程进行的快慢，决定于熔丝中流过的电流值的大小和本身的结构参数。很明显，当电流超过额定值倍数较大时，发热量增加，熔丝很快就达到熔化温度，熔化时间大为缩短；反之，在熔丝过载倍数不是很大时，熔化时间将增长。熔丝只能一次作用，每次烧断必须更换。如图 5-10 所示。

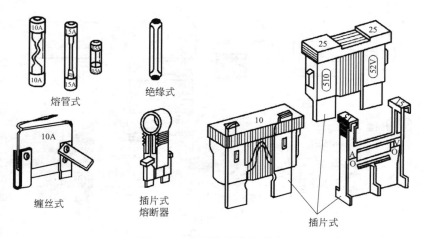

熔管式　绝缘式　缠丝式　插片式熔断器　插片式

图 5-10　熔丝的种类及形式

熔丝在使用中应注意以下几点：

① 熔丝熔断后，必须真正找到故障原因，彻底排除故障。

② 更换熔丝时，一定要与原规格相同。

③ 熔丝支架与熔丝接触不良会产生电压降和发热现象，安装时要保证良好接触。

5.2　电子控制系统

电子控制系统对主泵和发动机复合控制，实现功率匹配和燃油节省，图 5-11 所示为电控制系统图，它有以下主要功能：快速功率增强功能、五种作业模式选择、触式降速模式、自动降速模式、行走速度选择回转制动功能、发动机自动暖机和过热防止功能。

5.2.1　挖掘机电子控制系统的组成

（1）挖掘机电子控制系统的组成

挖掘机电子控制系统是以计算机为中心的高度自化、集成化的控制系统，并随着挖掘机功能的不断增多而日见完善和复杂。挖掘

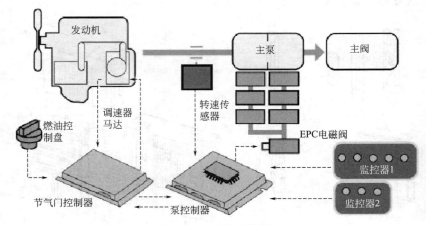

图 5-11　电控系统图

机电子控制系统的结构一般由三部分组成：信号输入装置、电子控制单元（ECU）和执行器，如图 5-12 所示。

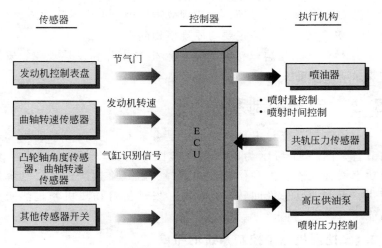

图 5-12　挖掘机计算机控制系统的基本组成

(2) 电子控制单元

电控单元（ECU）是发动机的综合控制装置。它的功用是根据自身存储的程序对发动机各传感器输入的各种信息进行运算、处理、判断，然后输出指令，控制有关执行器动作，达到快速、准确、自动控制发动机工作的目的。

电控单元（ECU）的基本构成主要是微型计算机，如图 5-13 所示。

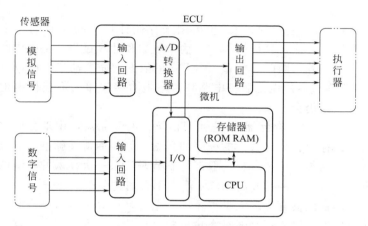

图 5-13　电控单元的构成

1）输入回路。从传感器来的信号，首先进入输入回路。在输入回路里，对输入信号进行预处理，一般是去除杂波和把正弦波变为矩形波后，再转换成输入电压信号。

2）A/D 转换器（模拟/数字转换器）。从传感器送出的信号有相当一部分是模拟信号，经输入回路处理后，虽已变成相应的电压信号，但这些信号与微机还不能直接处理，需经过相应的 A/D 转换器，将其模拟信号转换成数字信号后再输入微型计算机。

3）微型计算机。微型计算机是发动机电子控制的中心，它能根据需要把各种传感器送来的信号，用内存程序和数据进行运算处理，并把处理结果送往输出回路。

微型计算机（微机）主要由中央处理器（CPU）、存储器、输入/输出接口（I/O）等组成。

① 中央处理器（CPU）。中央处理器主要由运算器、寄存器、

控制器组成。CPU 的工作是在时钟脉冲发生器操作下进行的，当微机通电后，时钟脉冲发生器立即产生一连串的具有一定频率和脉宽的电压脉冲，使计算机全部工作同步，保证同一时间内完成一定的操作，实现控制系统各部分协调工作的目的。

② 存储器。存储器的主要功能是存储信息。存储器一般分为以下两种：

RAM（随机存储器）。主要用来存储计算机操作时的可变数据。如用来存储计算机的输入、输出数据和计算过程产生的中间数据等。当电源切断时，所存入 RAM 的数据均完全消失，所以一般 RAM 都通过专用电源后备电路与蓄电池直接连接。但拔掉电池缆线时，数据仍会消失。

ROM（只读存储器）。它是只能读出的存储器，用来存储固定数据，即存放各种永久性的程序和数据。如喷油特性脉谱、点火控制特性脉谱等。这些资料一般都是制造时厂家一次存入的，新的数据不能存入，电源切断时 ROM 信息不会消失。

只读存储器存储的大量程序和数据，是计算机进行操作和控制的重要依据，它们都是通过大量试验获得的，存入只读存储器中数据的精确性（如各种工况和各种因素影响下发动机的喷油控制数据、点火控制数据等），是满足微机控制发动机动力性、经济性和排放等的最重要的保证。

③ 输入/输出接口（I/O）。I/O 是 CPU 与输入装置（传感器）、输出装置（执行器）间进行信息交流的控制电路，根据 CPU 的命令，输入信号以所需要的频率通过 I/O 接口接收，输出信号则按发出控制信号的形式和要求通过 I/O 接口，是最佳的速度送出。输入、输出装置一般都通过 I/O 接口才能与微机连接。它起着数据缓冲、电压信号匹配、时序匹配等多种功能。

4）输出回路。它是微机与执行器之间建立联系的一部分装置，它将微机发出的指令转变成控制信号来驱动执行器工作。输出回路一般起着控制信号的生成和放大等功能。

(3) ECU 的工作过程

当发动机启动时，电控单元进入工作状态，某些程序和步骤从

ROM 中取出，进入 CPU。这些程序用以控制点火时刻、控制汽油喷射、控制怠速等。通过 CPU 的控制，一个个指令逐个地进行循环。执行程序中所需的发动机信息，来自各个传感器。从传感器来的信号，首先进入输入回路，对其信号进行处理。如是数字信号，根据 CPU 的安装，经 I/O 接口，直接进入微机。如是模拟信号，还要经过 A/D 转换器，转换成数字信号后，才能经 I/O 接口进入微机。大多数信息，暂存在 RAM 内，根据指令再从 RAM 至CPU。下一步是将存储器 ROM 中参考数据引入 CPU，使输入传感器的信息与之比较。对来自有关传感器的每个信号，依次取样，并与参考数据进行比较。CPU 对这些数据比较运算后，作出决定并发出输出指令信号，经 I/O 接口进行放大，必要的信号还经 D/A 转换器变成模拟信号，最后经输出回路去控制执行器动作。

（4）执行器

　　执行器接收电子控制单元来的各种指令，通过本身的设计，将电信号转变为执行器的动作（可为电器元件的动作，也可为某种机械运动），这些元件的动作将改变装置的运行条件，决定装置的运行和输出。如电磁阀就是执行器的一种，如图 5-14 所示。

电磁线圈1　O形环　来自自压减压阀　阀芯2　去LS阀
　　　　　　　　　（压力=33kgf/cm²）

图 5-14　电磁阀

　　挖掘机电子控制的基本工作过程：挖掘机在运行时，各传感器不断检测挖掘机运行的工况信息，并将这些信息实时地通过输入接口传给 ECU。ECU 接收到这些信息后，根据内部预编的控制程序，进行相应的决策和处理，并通过其输出接口输出控制信号给相应的执行器，执行器接收到程序信号后，执行相应的动作，实现某种预定的功能。

5.2.2 电子控制系统工作过程

挖掘机电子控制系统的控制过程一般可归纳为三个步骤：

第一步：实时数据采集。对答传感器的瞬时值实时采集、转换并输入 ECU。

第二步：实时决策。ECU 对采集到的表征被控参数的状态量进行分析，并按已确定的控制规律，计算决定下一步的控制过程策略。

第三步：实时控制。根据决策，适时地对执行器发出控制信号。

以上过程不断重复，使整个控制系统能按照一定的动态品质指标工作。此外，挖掘机电子控制系统还应该能对被控参数和设备本身可能出现的异常状态进行及时监督和处理。挖掘机电子控制系统的上述三个步骤对计算机来讲实际上只是执行算术、逻辑运算和输入、输出操作。

所谓的"实时"，是指信号的输入、计算和输出都在一定的时间范围内完成。也就是说，ECU 对输入的信息以足够快的速度进行处理，并在一定的时间内做出反应或控制。实时时间的长短随控制对象的不同而不同，对于挖掘机电子控制系统，因为控制对象是一个快速变化对象，因此要求实时时间很短，一般为毫秒级。

5.2.3 挖掘机电子控制系统的特征

挖掘机电子控制系统的特征主要表现为目的性、相关性、层次性和随机性 4 个方面。

（1）目的性

挖掘机电子控制系统的目的是解决与挖掘机性能相关的问题，

而这些问题仅依靠通常的机械系统是难以解决的。例如 ABS 是为了保证挖掘机行驶时的安全性；悬架控制用来改善挖掘机的平顺性、操纵性和稳定性；而动力转向的目的是为了改善停车或低速行驶时的转向力以及保证在高速行驶时的路感。

具体而言，挖掘机电子控制系统主要是为了改善如下一些基本功能：

① 改善乘坐舒适性。良好的乘坐舒适性应该是挖掘机在任何路面行驶时，无论法向运动还是侧向运动，颠簸和冲击都较小，理想的情况是希望获得像乘坐喷气式客机在天空飞行一样舒适的效果。

② 挖掘机行驶时的姿态控制。控制挖掘机在转向、制动和加速时的侧倾、纵倾等运动，以保证驾驶员有最舒适的挖掘机水平位置。

③ 保证有高的操纵性和稳定性。依靠电子控制系统，挖掘机能对驾驶员的操纵及时而正确地给予响应，无论在何种速度下都能保证挖掘机的操纵性和稳定性。此外，挖掘机应不受侧向风或路面不平度的干扰。

④ 提高行驶能力极限。挖掘机电子控制系统应在任何路面和任何行驶工况下都能实现最大的轮胎与路面间的牵引力。

⑤ 自适应操纵系统。当作用在挖掘机上的惯性力超过轮胎与路面间的牵引力极限时，控制系统应能自动地给予转向、制动和加速，以避免挖掘机进入危险状态。

(2) 相关性

挖掘机上各种电子控制系统往往是相互关联的，如果不考虑这种相关性，任何控制系统都会出现非所预期的结果。例如挖掘机上的主动悬架，如果不考虑防滑制动系统的行为，就有可能在紧急制动时导致挖掘机的上下起伏和纵向摇摆。这是因为主动悬架对防滑制动系统的波动产生的响应。又如主动悬架可以减小挖掘机侧倾，可是却破坏了四轮转向系统（4WS）的横摆响应。与此同时，若依靠 4WS 改善横摆响应，则主动悬架的侧倾收敛效果将减弱。

(3) 层次性

挖掘机电子控制系统是有层次的，一般可以分成三个层次，如图 5-15 所示。第一层次是挖掘机综合控制系统。第二层次是各个子系统，如原动力控制、回转控制、行走控制系统等。而控制系统对发动机控制系统燃料和空气供给系统的控制等则属于第三层次。如将人-车-环境控制系统看作一个单独的控制层次，这样就成了 4 个层次。

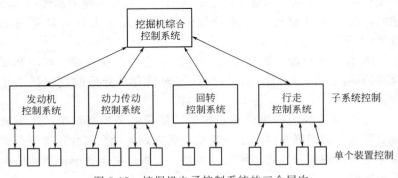

图 5-15 挖掘机电子控制系统的三个层次

(4) 随机性

由于挖掘机在不同的气候环境和道路条件下行驶，而其作业又是动态变化的，因而作为一个系统，它是动态的、不确定的或随机的。例如：若某一控制系统是为特定的载荷工况条件设计的，那么在动负荷变化时，该控制系统就不保证挖掘机获得良好性能。因此，挖掘机电子控制系统必须能适应外界条件的随机变化。

5.2.4 挖掘机电子控制系统实例

例如现代挖掘机控制电路系统就是包括一个 CPU 控制器、一个仪表盘、一个加速制动器、一个 EPPR 阀（电磁比例减压阀）和其他部件，如图 5-16 所示。CPU 控制器和仪表盘用来防止过载和高电压输入，进行短路或开路而引起的故障诊断，显示故障码在仪表盘上。

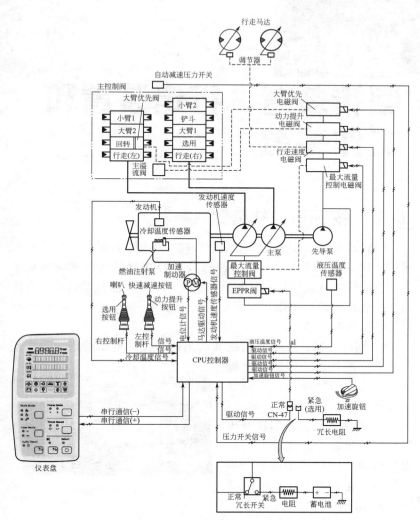

图 5-16　CAPO 电路系统图

第6章
回转装置、行走装置和工作装置

6.1 挖掘机回转装置

　　回转机构使工作装置及上部转台向左或向右回转，以便进行挖掘和卸料。单斗液压挖掘机的回转装置必须能把转台支撑在机架上，不能倾斜并使回转轻便灵活。为此，单斗液压挖掘机都设有回转支撑装置（起支撑作用）和回转传动装置（驱动转台回转），它们被统称为回转装置。

　　① 回转支撑。单斗液压挖掘机用回转支撑的结构形式，实现上部平台的回转，回转支撑按结构形式分为转柱式和滚动轴承式等两种。

　　② 回转传动。全回转液压挖掘机回转装置的传动形式有直接传动和间接传动两种。直接传动是在低速大转矩液压马达的输出轴上安装驱动小齿

图 6-1　回转齿圈

轮，与回转齿圈啮合。现在挖掘机一般都不采用这种结构形式。回转齿圈如图 6-1 所示。间接传动：由高速液压马达经齿轮减速器带动回转齿圈的间接传动结构形式。这种传动形式结构紧凑，具有较大的传动比，且齿轮的受力情况较好。轴向柱塞液压马达与同类型液压油泵的结构基本相同，许多零件可以通用，便于制造及维修，

从而降低了成本。回转马达如图 6-2 所示。

图 6-2　回转马达

6.2　挖掘机行走装置

行走机构支撑挖掘机的整机质量并完成行走任务。

单斗液压挖掘机的履带式行走机构的基本结构与其他履带式机构的大致相同，但它多采用两个液压马达各自驱动一条履带。与回转装置的传动相似，可用高速小转矩马达或低速大转矩马达。两个液压马达同方向旋转时挖掘机将直线行驶；若只向一个液压马达供油，并将另一个液压马达制动，挖掘机则绕制动一侧的履带转向；若使左、右两液压马达反向旋转，挖掘机将进行原地转向，如图 6-3 所示。

单斗液压挖掘机大都采用组合式结构履带和平板型履带板，平板型履带板没有明显履刺，虽附着性能差，但坚固耐用，对路面破坏性小，适用于坚硬岩石地面作业或经常转场的作业。也有采用三履刺型履带板，接地面积较大，履刺切入土壤深度较浅，适宜于挖掘机采石作业。采用质量小、强度高、结构简单和价格较低的轧制履带板。专用于沼泽地的三角形履带板可降低接地比压，提高挖掘机在松软地面上的通过能力。

单斗液压挖掘机的驱动轮均采用整体铸件，能与履带正确啮合、传动平衡。挖掘机行走时驱动轮应位于后部，使履带的张紧段

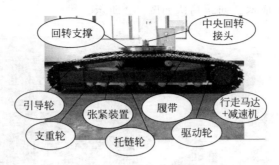

图 6-3 回转马达位置图

较短，减少履带的摩擦、磨损和功率消耗。每条履带都设有张紧装置，以调整履带的张紧度，减少履带的振动噪声、摩擦、磨损及功率损失。目前单斗液压挖掘机都采用液压张紧结构。其液压缸置于缓冲弹簧内部，减小了外形尺寸。

6.3 挖掘机工作装置

(1) 反铲装置

反铲装置各部件之间全部采用销轴铰接连接，由油缸的伸缩来实现挖掘过程的各种动作，动臂的下铰点与上部平台铰接，以动臂油缸来支撑和改变动臂的倾角，通过动臂油缸的伸缩可使动臂绕下铰点转动，实现动臂升降。斗杆铰接于动臂的上端，由斗杆油缸控制斗杆与动臂的相对角度，当斗杆油缸伸缩时，斗杆便可绕动臂上铰点转动，铲斗与斗杆前端铰接，并通过铲斗油缸伸缩使铲斗转动，为增大铲斗的转角，通常采用摇臂连杆机构与铲斗连接，如图6-4 所示。

(2) 液压缸

液压缸是利用液压力推动活塞做正反两方面运动的液压缸，有单活塞杆、双活塞杆和伸缩式等三种类型，其中双作用单活塞杆式使用最广。这是因为这种液压缸两腔的有效作用面积不等，当无杆腔进液时推力大而速度慢，有杆腔进液时，推力小而速度快，这个特点符合大多数工程机械的作业要求，图3-2 为双作用单活塞杆液

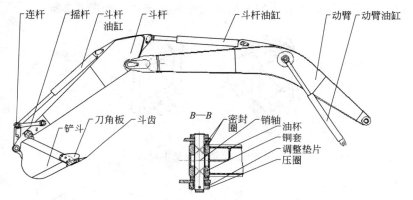

图 6-4　反铲工作装置

压缸的结构图，它由缸底、缸筒、缸盖、活塞杆等主要零件组成。缸体一端与缸底焊接成一体，另一端则与缸盖借螺纹连接，便于装拆检修，两端设有液口 A 和 B。活塞利用卡键、卡键帽和挡圈与活塞杆固定，如图 6-5 所示。

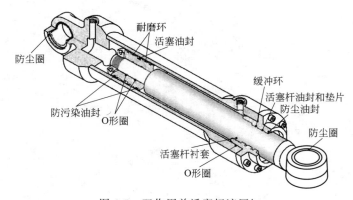

图 6-5　双作用单活塞杆液压缸

(3) 铲斗

　　反铲用的铲斗形状、尺寸与其作业对象有很大关系。为了满足各种挖掘作业的需要，在同一台挖掘机上可配以多种结构型式的铲斗，图 6-6 分别为反铲用铲斗的基本形式和加宽式。铲斗的斗齿采用装配式，其形式有橡胶卡销式和螺栓连接式，如图 6-7 所示。

基本形式铲斗

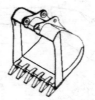
加宽式铲斗

图 6-6　反铲铲斗基本形式

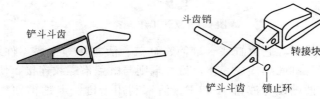

图 6-7　反铲常用铲斗结构

第 3 篇
挖掘机驾驶作业

第7章
挖掘机基础驾驶操作

挖掘机驾驶员的培训，在完成了挖掘机的一般常识、基本构造原理和安全驾驶操作知识等基础理论学习后，便可以进行实际操作训练。挖掘机驾驶员在实际操作训练前，必须认知、熟悉各种操纵装置、各种仪表的分布位置、使用方法和注意事项。这样才能打牢驾驶操作的基础，练就过硬的基本功，提高驾驶员的操作技术水平，确保在各种施工作业条件下，能正确而熟练地使用挖掘机，充分发挥挖掘机的效能，安全、优质、低耗地完成任务。

7.1 操纵杆的功能与控制

挖掘机操纵装置无论是大挖掘机、小挖掘机，还是国产的、进口的，其基本形式、功能都一样，除非有添加个别功能外，否则没有什么差别。挖掘机操纵装置是挖掘机操纵杆的总和，挖掘机的操纵装置包括安全锁、左右操纵把、行走操纵杆、行走操纵脚踏板、附属装置控制踏板、自动降速功能等操作部件，如图7-1所示。

本节将介绍小松、日立ZX型挖掘机操纵部件的位置、作用及使用，这两种机型有其代表性，特别是对监控器仪表的使用，只要掌握了这两种的使用方法和规律，其他的也就基本上掌握了。图7-2所示为挖掘机控制部件在驾驶室中的位置总图。图7-3所示为ZX200-3、PC200-8挖掘机监控器仪表总图。

为了正确、安全、舒适地进行各种操作，应充分掌握挖掘机控制装置的操作方法和功能，以及机器监控器中各种显示的意义。现以小松PC系列液压挖掘机为例，介绍各种操作装置的用途和使用。

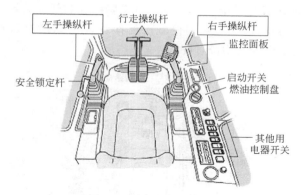

图 7-1　挖掘机操纵装置

图 7-2　挖掘机控制部件在驾驶室中的位置总图

日立ZX仪表监控

小松PC仪表监控

图 7-3　ZX200-3、PC200-8挖掘机监控器仪表总图

挖掘机的操纵杆主要有安全锁定杆、行走操作杆、左手工作装

置操作杆、右手工作装置操作杆、行走脚踏板和辅助装置控制脚踏板等。图 7-4 是 PC200 系列挖掘机的操纵杆和脚踏板示意图、图 7-5 是小松操纵杆实物位置图。

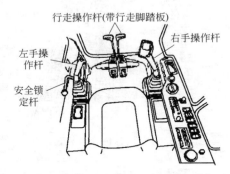

图 7-4　PC200 系列挖掘机的操纵杆和脚踏板示意图

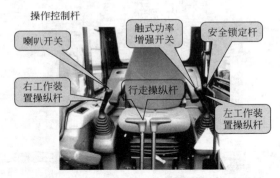

图 7-5　小松操纵杆实物位置图

（1）安全锁定杆

1）安全锁定杆的功能。安全锁定杆的主要作用是防止工作装置、回转马达和行走马达产生错误动作，以避免发生安全事故。

2）安全锁定杆操作使用。安全锁定杆通过电磁阀起作用，用于控制工作装置、回转马达和行走马达的液压油路的接通和关闭。它有锁紧和松开两个位置。该杆处于松开位置时，操作工作装置、回转和行走操作杆，以及工作装置、回转马达和行走马达能够动作。

该杆处于锁紧位置时，操作工作装置。回转和行走操作杆，以及工作装置、回转马达和行走马达均不能动作。

此外，启动发动机前，安全锁定杆应处于锁紧位置。若处于松开位置，发动机则不能启动。安全锁定杆的位置见图 7-6。

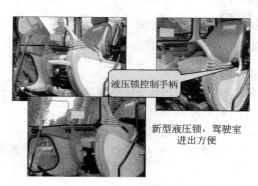

图 7-6　安全锁定杆的锁紧位置

3）操作使用注意事项：

① 离开驾驶室之前，要确定安全锁定杆是否处于锁紧位置。如果未处于锁紧位置，误碰左、右工作装置操作杆或行走操作杆，而发动机此时又未熄火，会造成机器突然动作，引发严重的伤害事故。

② 放下安全锁定杆时，不要碰触工作装置操作杆或行走操作杆。若安全锁定杆未真正处于锁紧位置，则工作装置、回转和行走均有突然动作的危险。

③ 在抬起安全锁定杆的同时，不要碰触工作装置操作杆和行走操作杆。

（2）左操作杆

1）左操作杆（见图 7-7）的功能。左手操作杆用于操作斗杆和回转。有的挖掘机上带有自动减速装置。

2）左操作杆操作使用。按下述动作操作左手操作杆时，斗杆和上车体会产生相应的动作（见图 7-8）。

安全锁—左

图 7-7 左操作杆

左操作手柄

左操作手柄	
前	斗杆卸载
后	斗杆挖掘
左	左回转
右	右回转

图 7-8 右操作杆功能

① 向下推：斗杆卸料。

② 向上拉：斗杆挖掘。

③ 向右拉：上车体向右回转。

④ 向左拉：上车体向左回转。

⑤ 中位（N）：当左手操作杆处于中位时，上部车体不回转，斗杆不动作。

(3) 右手工作装置操作杆

1) 右操作杆的功能。右手操作杆用于操作动臂和铲斗，有的挖掘机上带有自动减速装置（参见图 7-9）。

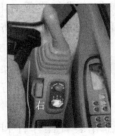

右

图 7-9 右操作杆

右操作手柄

右操作手柄	
前	动臂下降
后	动臂提升
左	铲斗挖掘
右	铲斗卸载

图 7-10 右操作杆功能

2) 右操作杆操作使用。按下述动作操作右手操作杆时，动臂和铲斗会产生相应的动作（见图 7-10）。

① 向下推：动臂下降。

② 向上拉：动臂抬起。

③ 向右推：铲斗卸料。

④ 向左拉：铲斗挖掘。

⑤ 中位（N）：当右手操作杆处于中位时，动臂和铲斗均不动作。

（4）行走操作杆

1）行走操作杆的功能。行走操作杆用于控制挖掘机的前后行走和左右转弯的操作。一般情况下，行走操作杆带有脚踏板。当手不能用于操纵行走操作杆时，可以用脚踩脚踏板来控制挖掘机的行走。有的挖掘机上行走操作杆带有自动减速装置。当按下自动降速开关按钮，且行走操作杆处于中位时，自动降速装置可自动降低发动机的转速，以减少油耗。

2）行走操作杆操作使用。行走操作杆正常状态下，应将引导轮在前，驱动轮在后。此时，挖掘机的行走可用行走操作杆和脚踏进行下述操作：

① 想使挖掘机前进时，向前推行走操作杆，或使脚踏板向前倾。

② 想使挖掘机后退时，向后拉行走操作杆，或使脚踏板向后倾。

③ 想使挖掘机停止移动，使操作杆处于中位（N），或松开脚踏板。

3）直线行走方式：首先是直线行进，左右行驶操作杆一起推向前进方，挖掘机就直线前进，操作杆拉向近身一侧，就直线后退，如图 7-11 所示。

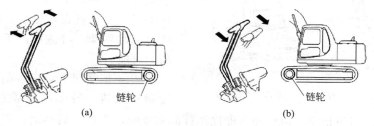

(a)　　　　　　　　　　　　(b)

图 7-11　行走操作杆行进操作

4）行走左、右转方式：行走左右转弯是指整机上下体同时转弯，这种行走转弯与只有上体的回转是有区别的。要左转或右转时，操作某一侧的行驶操作杆；右行驶操作杆推向前面，机械就向前左转；左行驶操作杆推向前面，机器就向前行右转。如图7-12所示。

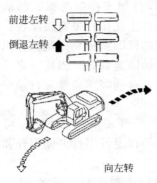

图 7-12　左、右转弯的操作

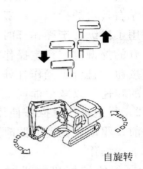

图 7-13　原地向左自旋转

液压挖掘机转向时，还有一个办法。例如，把左行驶操作杆拉向近身一侧，右行驶操作杆推向前方的话，车子就会原地向左转，如要原地向右转，则把左右操作杆反向操作。如图7-13所示。

5）爬斜坡方式（见图7-14）：行驶中工作装置一定要位于上坡方向，终传动要位于后侧。

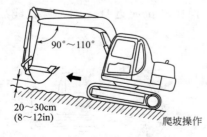

图 7-14　爬斜坡操作

爬斜坡注意事项：

① 如不需要机器行驶，不要把脚放在踏板上。若把脚放在踏板上，一旦误踩踏板，机器会突然移动，有造成严重事故的可能。

② 一般情况下，应将驱动轮朝后放置。若驱动轮朝前，机器则朝相反方向移动（即操作杆向前推时，机器向后移动；操作杆向后拉时，机器向前移动），易造成意外事故。

③ 有些挖掘机可能带有行驶警报器，若行走操作杆由中位向

前推或向后拉时，警报器会响，表示机器开始执行。

（5）复合操作

复合操作的功能。复合操作是挖掘机操作杆能使两个以上的工作装置同时工作。例如，一面收斗杆、又一面收铲斗；或者一面回转、一面提升大臂，这种操作叫复合操作。图 7-15 所示为左操作杆复合动作、图 7-16 所示为右操作杆复合动作。

图 7-15　左操作杆复合动作　　　　图 7-16　右操作杆复合动作

首先，左操作杆可使斗杆和回转同时动作。例如，把杆拉向斜外侧近身一边时，可以一面收斗杆一面向左回转，然后，同时操作左右操作杆，可以复合操纵。例如，可一面用右操作杆提升大臂，一面用左操作杆回转。

在右操作杆工作时，如同看到的那样，杆朝斜方向动作，大臂和铲斗可以同时动作。例如，杆朝斜内侧身体一边拉的话，就能一面收铲斗一面提升大臂。只有掌握这种复合操作，才能说真正掌握了工作装置的基本操作。

（6）附属装置控制踏板（选配件）

① 液压破碎器的操作。当要想用破碎器进行作业时，先把工作模式置于破碎作业模式，并使用锁销。踏板的前部分被压下时，破碎器工作。锁销在①位时起锁定作用；锁销在②位是踏板半行程位置；锁销在③位是踏板全行程位置（见图 7-17）。

② 一般附属装置的操作。踩下踏板时，附属装置工作。锁销在①位时起锁定作用；锁销在②位是踏板半行程位置；锁销在③位是踏板全行程位置（见图 7-18）。

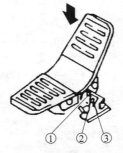

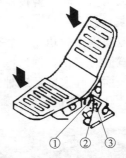

图 7-17　破碎器控制踏板　　　　　图 7-18　一般附属装置控制踏板

注意事项：不操作踏板时，不要把脚放在踏板上。如工作时把脚放在踏板上，且无意中压下踏板，附属装置会突然动作（见图7-19），有可能造成严重伤害事故。

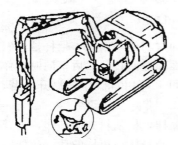

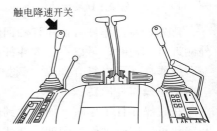

图 7-19　附属装置控制踏板的操作　　　　图 7-20　触点降速开关

(7) 自动降速功能的作用

自动降速功能的作用是在机器空闲时自动降低发动机的转速，以达到减小燃油消耗的目的，如图7-20所示。

当所有的操作杆都处于中位，发动机转速盘处于中速以上位置时，自动降速装置会在1s内将发动机的转速下降约100r/min，约4s后，会将发动机的转速降至1400r/min左右，并保持不变。如果此时操作任一操作杆，发动机转速会在1s内迅速回升到节气门控制盘设定的速度。所以在自动降速状态下，操作任一操作杆，发动机转速会突然升高，故此时操作应小心。

7.2 监控器仪表的功能与使用

7.2.1 监控器仪表的功能

挖掘机监控器仪表由于品牌厂家的不同，监控器的样式也不同，但是通过表7-1中小松200-8（见图7-21）和日立ZX200监控器（见图7-22）内容的对比，就会看出其基本功能和内容基本相同，使用的方法也有相同之处，只要熟练掌握了一种方法，就可以触类旁通。监控器功能对比表见表7-1

表7-1 监控器功能对比表

小 松	基本共同功能	日 立
	1. 启动前检查面板	
	2. 正常操作面板	
	3. 定期保养警告面板	
	4. 警告面板	
	5. 故障面板	
	6. 异常状态情况显示及检测功能	
	7. 可提示零件交换时间保养模式	
	8. 保养次数记忆功能	
	9. 故障履历记忆存储功能	
	10. 监控发动机的转速、冷却液温度、机油压力和燃油油位等	
	11. 自我诊断功能、故障自动报警显示、维护保养信息自动提示和历史故障记录根	
	12. 选择作业模式	

7.2.2 显示器的功能及监控内容

(1) 显示器的内容

小松PC系列挖掘机采用彩色液晶面板的多功能监控器（见

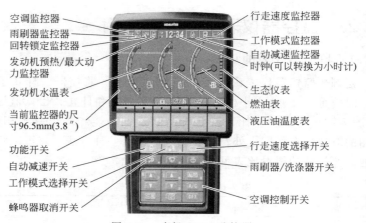

空调监控器
雨刷器监控器
回转锁定监控器
发动机预热/最大动力监控器
发动机水温表
当前监控器的尺寸96.5mm(3.8″)
功能开关
自动减速开关
工作模式选择开关
蜂鸣器取消开关

行走速度监控器
工作模式监控器
自动减速监控器
时钟(可以转换为小时计)
生态仪表
燃油表
液压油温度表
行走速度选择开关
雨刷器/洗涤器开关
空调控制开关

图 7-21　小松 200-8 监控器

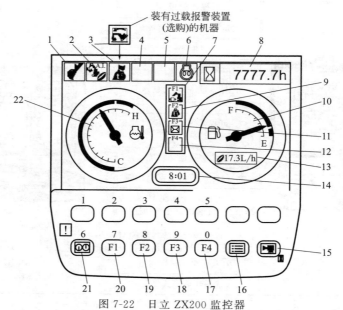

图 7-22　日立 ZX200 监控器

1—工作模式显示；2—自动怠速显示；3—过载报警显示或 ML 起重机显示；4—备用；5—备用；6—预热显示；7—工作模式显示；8—小时表；9—ML 起重机显示；10—燃油表；11—邮件显示；12—备用；13—燃油消耗表；14—时钟；15—后部屏幕选择；16—菜单；17—备用选择；18—邮件选择；19—ML 起重机选择；20—工作模式选择；21—返回主屏；22—冷却液温度计

图 7-23），高质量的 EMMS 设备管理监测系统具有异常状态情况显示及检测功能/可提示零件交换时间保养模式、保养次数记忆功能/故障履历记忆存储功能，全面监控发动机的转速、冷却液温度、机油压力和燃油油位等，具有自我诊断功能、故障自动报警显示、维护保养信息自动提示和历史故障记录等功能。根据需要选择作业优先的快速模式或以节省燃油为优先的经济模式。在快速模式中，由于大功率发动机的采用和小松系列独有的压力补偿式 CLSS 液压系统，最低限度地减少了发动机功率的损耗，使挖掘机的作业量提高 8%。由于发动机的转速能自动调节减速，可节省油耗 10%，实现了低振动、低噪声，操作舒适性达到了最佳水准。

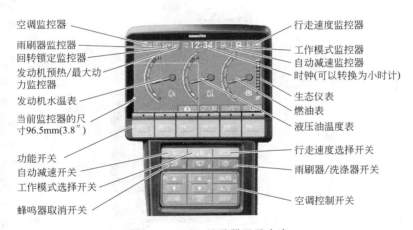

图 7-23　PC-8 显示器显示内容

监控器的显示面板有启动前检查面板、正常操作面板、定期保养警告面板、警告面板和故障面板。

正常情况下，启动发动机前监控器的面板显示的是基本检查项目。如果启动发动机时，发现异常情况，启动前检查屏转换到定期保养警告屏、警告面板或故障面板。此时，启动前检查面板的显示时间为 2s，然后转换到定期保养警告屏、警告面板和故障面板，监控器面板的转换过程如图 7-24～图 7-27 所示。

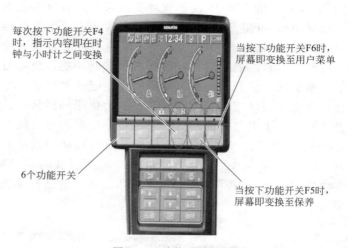

每次按下功能开关F4时，指示内容即在时钟与小时计之间变换

当按下功能开关F6时，屏幕即变换至用户菜单

6个功能开关

当按下功能开关F5时，屏幕即变换至保养

图 7-24　功能开关位置

监控器上的空调显示屏幕

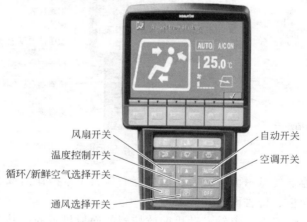

风扇开关

温度控制开关

循环/新鲜空气选择开关

通风选择开关

自动开关

空调开关

图 7-25　使用选择开关

（2）各种开关的认知（见图 7-28）

1）启动（ON）开关。此开关用于启动或关闭发动机（见图 7-29）。

新的附件模式

破碎锤操作模式,
单独动作油路

双动作油路的附件模式

工作模式选择开关

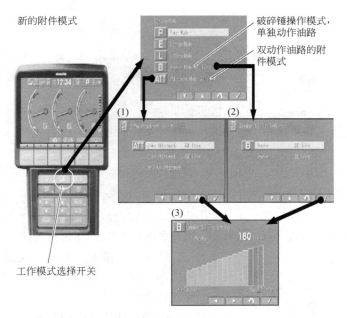

(1)　　　(2)

(3)

图 7-26　显示工作模式内容

异常情况显示功能

保养功能

通过按此功能开关来改变显示屏

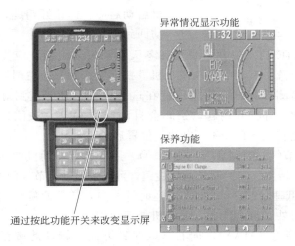

图 7-27　显示异常、保养内容

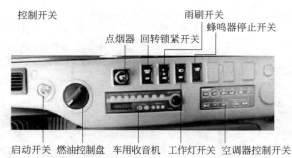

控制开关　　　　　　　　　　　雨刷开关

　　　　　　点烟器　回转锁紧开关　蜂鸣器停止开关

启动开关　燃油控制盘　车用收音机　工作灯开关　空调器控制开关

图 7-28　发动机启动开关

① OFF（关闭）位置。在此位置上，可插入或拔出钥匙。此时，除驾驶室灯和时钟外，所有电气系统都处于断电状态，发动机关闭。

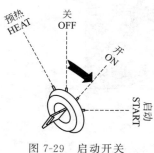

预热　　　关
HEAT　　OFF

开
ON

启动
START

图 7-29　启动开关

② ON（接通）位置。接通充电和照明电路，发动机运转时，钥匙保留在这个位置。

③ START（启动）位置。启动发动机，则将钥匙放在该位置，发动机启动后应立即松开钥匙，钥匙会自动回到 ON 位置。

④ HEAT（预热）位置。冬天启动发动机前，应先将钥匙转到这个位置，有利于启动发动机。钥匙置于预热位置时，监控器上的预热监测灯亮。将钥匙保持在这个位置，直至监测灯闪烁后熄灭，此时立即松开钥匙，钥匙会自动回到 OFF（关闭）位置。然后把钥匙转到 START（启动）位置启动发动机。

2）节气门控制盘（见图 7-30）。用以调节发动机的转速和输出功率。旋转节气门控制盘上的旋钮，可调节发动机节气门的大小。

① 低速（MIN）。向左（逆时针方向）转动此旋钮到底，发动机节气门处于最小位置，发动机低速运转。

② 高速（MAX）。向右（顺时针方向）转动此旋钮到底，发动机节气门处于最大位置，发动机高速（全速）运转。

图 7-30　节气门控制盘

3）回转锁紧器开关。此开关用于锁定上部车体，使上部车体不能回转（见图 7-31）。此开关有如下两个位置。

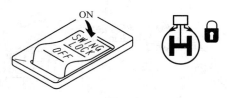

图 7-31　回转锁紧器开关

① SWING LOCK 位置（上车体锁定）。当回转锁定开关处于此位置时，回转锁定一直起作用，此时即使操作回转操作杆，上部车体也不会回转。同时监控器上的回转锁定监控灯亮。

② OFF 位置（回转锁定取消）。当回转锁定开关处于此位置时，回转锁定作用被取消。此时操作回转操作杆，上部车体即可回转。

当左、右操作杆回到中位约 4s 后，回转停车制动即自动起作用（即上部车体被自动锁定）。当操作其中任一操作杆时，回转停车制动即自动被取消。

注意事项：机器行走时，或者不作回转操作时，要将此开关置于 SWING LOCK 位置；在斜坡上，即使回转锁定开关在 SWING LOCK 位置，如果向下坡方向操作回转操作杆，工作装置也可能在自重作用下向下坡方向移动，对此要特别注意。

4）灯开关。用于打开前灯、工作灯、后灯及监控器灯。它分为两个位置：打开（ON）和关闭（OFF）。

5）报警蜂鸣器停止开关。当发动机正在运转，蜂鸣器报警鸣响时，按下此开关可关闭蜂鸣器。

6）喇叭按钮。此按钮位于右手操作杆顶端，按下此按钮喇叭鸣响。

7）左手按钮开关（触式加力开关）。此按钮开关位于左手操作杆顶端，按下此按钮开关并按住，可使机器增加约 7% 的挖掘力（见图 7-32）。

触电降速开关

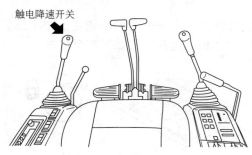

图 7-32　触式加力开关

8）驾驶室灯开关。此开关用于控制驾驶室灯，位于驾驶室后部右上方。该开关处于朝上位置时灯亮；位于向下位置时灯灭。

启动开关即使在 OFF 位置，驾驶室灯开关也可能接通，注意不要误让驾驶室灯一直亮着。

9）泵备用开关和回转备用开关。泵备用开关和回转备用开关均位于右控制架后侧，打开盖板，即可见到这两个开关。位于左边的是泵备用开关，位于右边的是回转备用开关。

① 泵备用开关。挖掘机正常工作时，此开关应处于朝下位置。正常工作时，不可将此开关朝上。

当机器监控器显示 E02 代码时（泵控制系统故障），蜂鸣器报警显示。若继续作业，发动机会冒黑烟，甚至熄停。此时可将此开关向上扳（接通），挖掘机仍可临时继续作业。

泵备用开关只是为了在泵控制系统出现异常时能继续进行短期

作业。作业后，应马上检修故障。

② 回转备用开关。挖掘机正常工作时，此开关应处于向下的位置。正常工作时，不可将此开关朝上。

当机器监控器显示 E03 代码时（回转制动系统故障），蜂鸣器发生报警显示。此时，即使回转锁紧开关处于 OFF 位置，上车体依然不可回转。在此情况下，可将此开关朝上拨，上车体即可进行回转。但回转停车制动一直不能起作用，即上车体不能自动被锁定。

回转备用开关是为了在回转制动电控系统（回转制动系统）出现异常时，能进行短期回转作业。作业后，应马上检修故障。

(3) 监控器面板模式概要

监控器面板提供一般与特殊两种功能，在多功能显示器上可以显示各种信息，其中显示项目包括监控器面板中预设的自动显示项目和通过转换功能显示的其他项目。

1) 一般功能。一般功能是指操作人员使用的菜单，这是一个操作人员可以通过转换操作设定或显示的一个功能，这个显示内容是正常显示。共分 ABCD 四大类，见表 7-2。

表 7-2　一般功能

	操作人员模式（概要）		操作人员模式（概要）
	小松标志的显示	B	车窗洗涤器的操作
A	输入密码的显示	B	空调加热器的操作
A	破碎器模式检查的显示	B	显示摄像头模式的操作(如果装有摄像头)
A	启动前检查的显示	B	显示时针和小时表的操作
A	启动前检查后警告的显示	B	保养信息的检查
A	保养间隔结束的显示	B	用户模式的设定和显示(包括用于用户的 KOMTRAX 信息)
A	工作模式和行走速度检查的显示		
A	普通屏显示	C	节能指导的显示
A	结束屏显示	C	注意监控器的显示
B	自动减速的选择	C	破碎器自动判断的显示
B	工作模式的选择	C	用户代码和故障代码的显示
B	行走速度的选择	D	检查 LCD(液晶显示)显示的功能
B	停止报警蜂鸣器的操作	D	检查小时表的功能
B	风挡雨刷器的操作	D	变更附件/保养密码的功能

A：从启动开关打开时到显示屏转换成普通屏的显示，直到启动开关关闭后的显示。

B：操作机器监控器开关时的显示和功能。

C：满足某些条件时的显示和功能。

D：需要特殊的开关操作的显示和功能。

2）特殊功能（服务菜单）。特殊功能又叫服务菜单，这是一个维修技师可通过特殊转换操作进行设定或显示的功能。该显示内容不是经常显示的，它主要用于机器的检查、调整、故障诊断或特殊设定。共有12大项内容。这些内容作为挖掘机操作人员也可以学习掌握，作为备用，见表7-3。

表 7-3　特殊功能

服务模式		服务模式	
1. 监控		7. 缺省	破碎器检测
2. 异常记录	机械系统	8. 调整	泵吸入转矩(F)
	电气系统		泵吸入转矩(R)
	空调系统/加热器系统		低速
3. 保养记录			附件流量调整
4. 保养模式变化		9. 气缸切断	
5. 电话号码输入		10. 无喷射	
6. 缺省	接通模式	11. 燃油消耗	
	单位	12. KOMTRAX 设定	终端状态
	带/不带附件		GPS 和通信状态
	附件/保养密码		控制器　系列号(TH300)
	摄像头		控制器　IP 地址(TH200)
	ECO 显示	13. KOMTRAX 信息显示	

（4）操作人员监控器菜单的显示样式

根据设定和机器的情况，从启动开关打开时到显示屏转换成普通屏时显示的内容，见表7-4。

A：发动机启动锁定被设到有效时；

B：发动机启动锁定被设到无效时；

C：启动时的工作模式被设到破碎器模式（B）时；

D：在启动前的检查项目中有异常的项目时；

E：在规定的间隔后没进行保养的保养项目时。

表 7-4　操作人员监控器显示样式

功能	内　　容	显示窗口样式
1. KOMATSO 标志的显示	打开启动开关时,KOMATSU 标志显示 2s。 KOMATSU 标志显示 2s 后,此屏转换为"输入密码的显示","破碎器模式检查的显示(如果设定 B 模式)"或"启动前检查的显示"	
	除了上面的输入密码屏的显示外,会显示下面的显示屏。 如果显示此屏,请小松经销商负责 KOMTRAX 操作的人员进行修理	
2. 输入密码的显示	显示 KOMATSU 标志后,显示输入发动机启动锁定密码的显示屏。 只有在发动机启动锁定功能被设在有效时显示此屏。 如果正常地输入密码,此屏转换到"破碎器模式检查的显示(如果设定 B 模式)"或"启动前检查的显示"。 除发动机启动锁定外,机器监控器具有一些密码功能。这些功能彼此独立	
3. 破碎器模式检查的显示	当打开启动开关时,如果工作模式被设定为破碎器模式[B],显示屏上显示通知操作人员以破碎器模式启动的信息。 当把工作模式设到破碎器模式[B]时,如果使用除破碎器以外的其他附件,机器会意外地移动或不能正常地操作或可能会损坏液压部件。结束破碎器模式的检查操作后,显示屏变为"启动前的检查显示"。 如果选择了"No":工作模式被设到经济模式[E]。 如果选择了"Yes":工作模式被设到破碎器模式[B]	

功能	内　　容	显示窗口样式
4. 启动前检查的显示	当显示屏转换到启动前的检查屏时，启动前的检查进行 2s。 如果通过启动前的检查，检测到任何异常时，此屏转换到"启动前检查后警告的显示"或"保养间隔结束的显示"。 如果通过启动前的检查没有检测到异常，此屏转换到"工作模式和行走速度的检查显示"。 显示屏上显示的监控器（6 个）是启动前检查中的项目	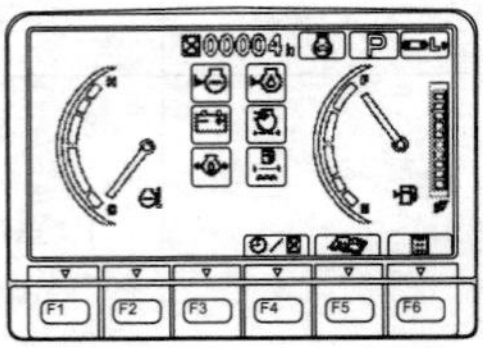
5. 启动前检查后警告的显示	如果通过启动前的检查检测到任何异常，显示屏上显示警告监控器。 右图示出了机油油位监控器 a 警告机油油位低	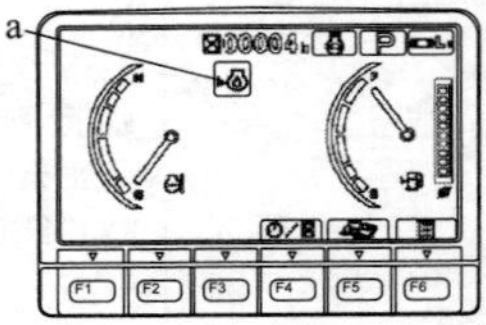
6. 保养间隔结束的显示	当进行启动前的检查时，如果保养项目接近或在设定间隔的结束以后，保养监控器显示 30s 以催促操作人员进行保养。 只有当保养功能有效时，才显示此屏。保养监控器的颜色（黄色和红色）指示保养间隔后的时间长度。 在服务模式中设定或改变保养功能。 此屏显示结束以后，此屏转换到工作模式或行走速度的检查显示	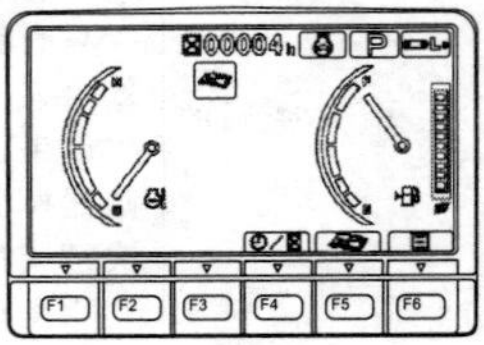
7. 工作模式和行走速度的检查显示	如果启动前的检查正常结束，检查工作模式和行走速度的显示屏显示 2s。 完成工作模式和行走速度的检查显示后，此屏转换到"普通屏的显示"	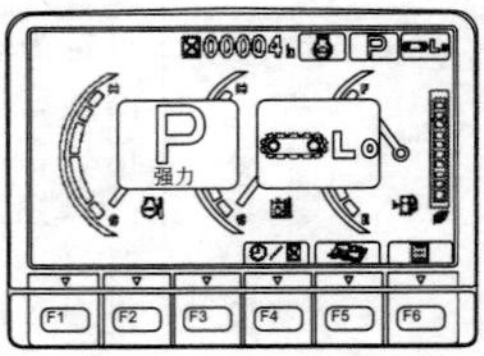
8. 普通屏的显示	如果机器监控器正常启动，显示普通屏。 在显示屏的上部中间部分，显示小时表 a 或时钟（用［F4］选择小时表或时钟。） 在显示屏的右端显示 ECO 表 b（在服务模式中打开或关闭）	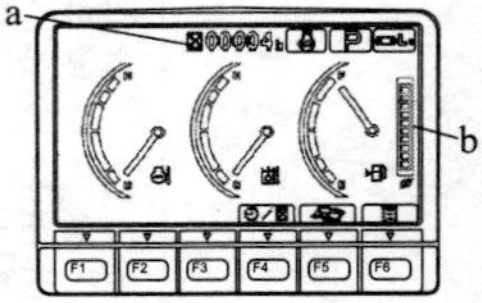

功能	内　　容	显示窗口样式
9. 结束屏的显示	关闭启动开关时,结束屏显示 5s。 根据 KOMTRAX 的信息显示功能,结束屏上可能会显示另外的信息	
10. 自动减速的选择	在显示普通屏时,如果按下自动减速开关,大的自动减速监控器 a 显示 2s 并改变自动减速的设定。 每次按下自动减速开关,自动减速交替地打开或关闭。 如果打开自动减速,同时显示大监控器 a 和自动减速监控器 b。 如果关闭自动减速,自动减速监控器 b 熄灭	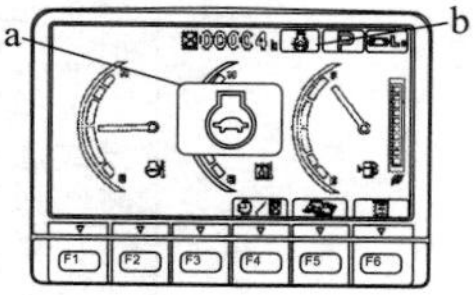
11. 工作模式的选择	根据下列步骤选择工作模式。 1. 当显示普通屏时,按下工作模式选择开关,显示工作模式选择屏。 右图示出了当设定"带附件"时显示的工作模式选择屏(如果在服务模式中没设定"带附件",不显示附件模式[ATT]) 2. 操作功能开关或工作模式选择开关,以选择和确认你将使用的工作模式。 功能开关 [F3]:移到下部工作模式; [F4]:移到上部工作模式; [F5]:取消选择恢复到普通屏; [F6]:确认选择恢复到普通屏; 工作模式选择开关 按下:移到下部工作模式; 保持按下:确认选择并恢复到普通屏; 如果在 5s 内不接触任何功能开关和工作模式选择开关,选择确认并且此屏转换到普通屏	

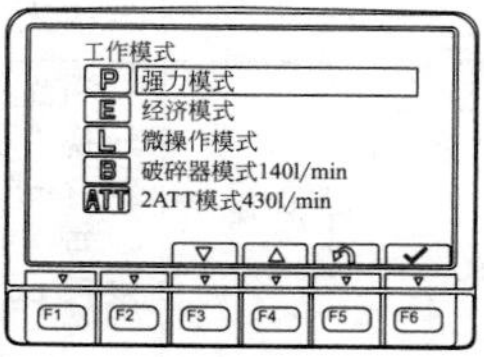

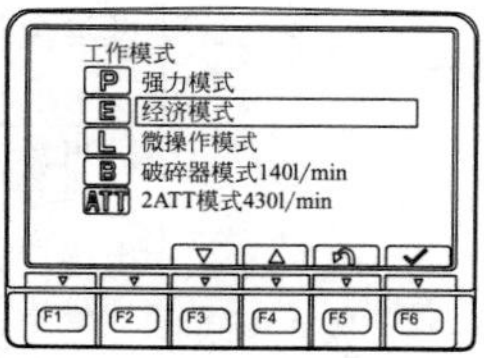

功能	内　　容	显示窗口样式
	3. 当再显示普通屏时,大的工作模式监控器 a 显示 2s,然后工作模式的设定被改变。 　　当显示大监控器 a 时,工作模式监控器 b 的显示也被改变	
11. 工作模式的选择	〈选择破碎器模式[B]的注意事项〉 　　如果选择破碎器模式,液压泵的控制和液压油路的设定都被改变。 　　如果使用除破碎器以外的附件,机器会意外地移动或不能正常地操作,或会损坏液压部件。 　　选择破碎器模式后,显示确认破碎器模式选择的显示屏(显示此屏时,蜂鸣器断续地鸣响)。 　　如果在此屏上确认设定,此屏转换到普通屏。 　　如果选择 No:显示屏恢复到选择工作模式的显示屏。 　　如果选择 Yes:工作模式被设定到破碎器模式[B]	
12. 行走速度的选择	当显示普通屏时,如果按下行走速度转换开关,大的行走速度监控器 a 显示 2s,行走速度的设定被改变。 　　每次按下行走速度转换开关,行走速度按 Lo、Mi、Hi 的顺序改变并再变为 Lo。 　　当显示大监控器 a 时,行走速度监控器 b 也改变	
13. 停止报警蜂鸣器的操作	当报警蜂鸣器鸣响时,如果按下报警蜂鸣器取消开关,报警蜂鸣器停止鸣响。 　　即使按下报警蜂鸣器取消开关,显示屏也不改变	
14. 风挡雨刷器的操作	当显示普通屏时,如果按下雨刷器开关,大的雨刷器监控器 a 显示 2s。风挡雨刷器启动或停止。 　　每次按下雨刷器开关,风挡雨刷器按顺序转换为 INT、ON、OFF 并再转换到 INT。 　　当显示大监控器 a 时,雨刷器监控器 b 的显示被转换或被关闭。 　　如果关闭风挡雨刷器,不显示大监控器 a	

功能	内　　　容	显示窗口样式
15. 风挡洗涤器的操作	当显示普通屏时,如果按下风挡洗涤器开关,在按住开关的同时,会喷出洗涤液。 即使按下车窗洗涤器开关,显示屏也不改变	
16. 空调/加热器的操作	当显示普通屏时,按下空调开关或加热器开关,显示空调调整屏或加热器调整屏。 当显示空调调整屏或加热器调整屏时,如果在 5s 内不接触任何开关,此屏转换成普通屏	
17. 显示摄像模式的操作(如装有摄像头)	当装有摄像头时,如果按下[F3],多功能显示转换为摄像头画面(在服务模式中设定摄像头的连接)	
	一共可以连接 3 个摄像头。然而,如果选择了摄像头模式,只显示摄像头 1 的画面。 如果在摄像头模式中出现注意,在显示屏的左上方显示注意监控器(然而,不显示低液压油温度注意)。 当在摄像头模式出现有用户代码的故障时,如果在 10s 内不接触任何操纵杆,此屏转换到普通屏并显示故障信息。 当连接两个以上的摄像头时,可以显示它们中的一个画面或两个画面。 如果选择了两个摄像头画面显示,摄像头 1 的画面在显示屏的左侧显示,摄像头 2 的画面在右侧显示。摄像头 3 的画面只单独显示。 如果同时显示两个摄像头的画面,画面在右侧和左侧显示屏上以 1s 的间隔显示	

功能	内　　容	显示窗口样式
18. 显示时钟和小时表的操作	当显示普通屏时,按下[F4],显示 a 交替地显示小时表和时钟。 当选择时钟时,调整时间,设定 12h 或 24h 显示并用用户模式功能设定夏时制	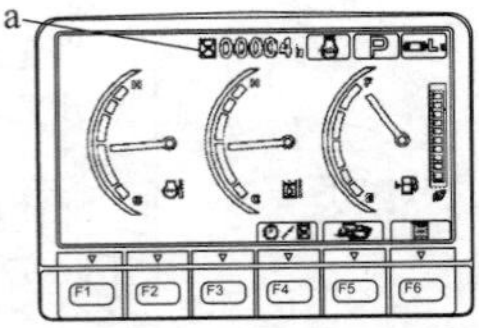
19. 保养信息的操作	当显示保养监控器或普通屏时,按下[F5],显示保养表屏	
	为了重设完成保养后剩余的时间,需要更多的操作	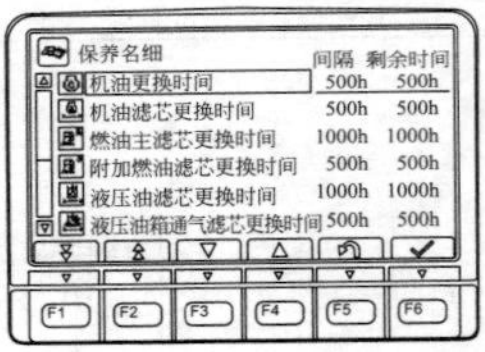
20. 用户模式的设定和显示(包括用于用户的 KOMTRAX 信息)	当显示普通屏时,按下[F6],显示用户菜单屏	
	用户菜单中有以下项目。 破碎器/附件设定 用户信息 显示屏调整 时钟调整 语言 经济模式调整 只有当在服务模式中设定"带附件"时,显示破碎器/附件设定菜单。	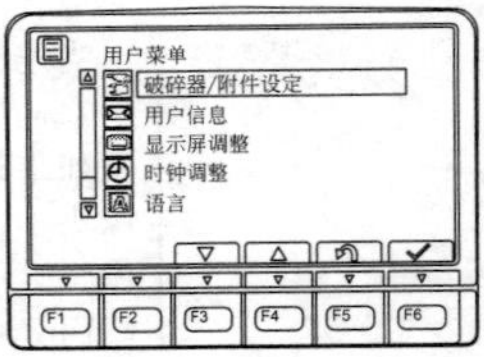

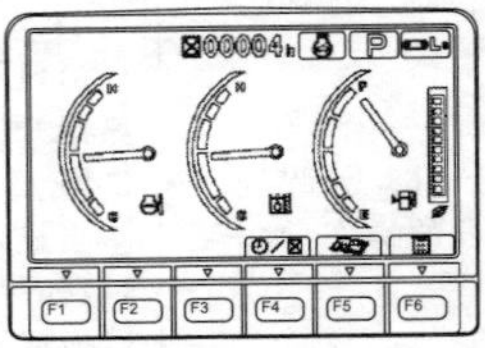

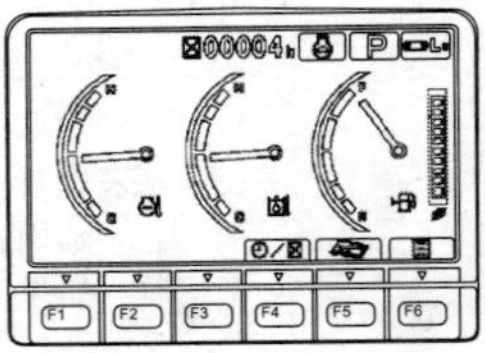

功能	内　　容	显示窗口样式
21.〔KOMTRAX 信息〕	有两种 KOMTRAX 信息：一种是用于用户，另一种是用于服务 用于用户： 从 KOMTRAX 基地发送的用于用户的信息。如果收到信息，在普通屏上显示信息监控器。为看到信息的内容，在上面的用户菜单中操作"用户信息"。 用于服务： 从 KOMTRAX 基地发送的用于服务的信息。即使收到信息，在普通屏上无任何显示。为了看到信息的内容，在服务菜单中操作"KOMTRAX 信息"显示	
22. 节能指导的显示	当机器被设在某一操作条件时，自动显示节能指导屏，以促使操作人员进行节能操作。 当在服务模式中，显示设定被设在有效，满足下列条件时，显示节能指导。 显示条件：发动机正在运转＋所有操纵杆处在中位达 5min＋没有出现注意（注）或用户代码（注）。注：不包括液压油低温注意 如果操作任何操纵杆或踏板，或按下〔F5〕，此屏恢复为普通屏	
23. 注意监控器的显示	如果普通屏或摄像头模式屏上出现显示注意监控器的异常，以较大图像显示一会儿注意监控器，然后在显示屏内的 a 处显示。 在摄像头模式屏上，当出现注意时，注意监控器在显示屏的左上部闪烁	
	破碎器自动判断的显示： 如果操作人员以不正确的工作模式进行破碎器操作，显示破碎器自动判断屏，以促使操作人员选择正确的工作模式。 当在服务模式中显示设定被设定为有效，满足下列条件时，显示破碎器自动判断。 显示的条件： 当泵控制器测量后泵压力一段时间时，得到的数值与事先存入控制器的破碎器操作的脉动波形式类似。 交货时，破碎器自动判断功能被设到不用（不显示）。 如果显示此屏，检查工作模式的设定。如果使用破碎器，选择破碎器模式〔B〕。 为恢复普通屏，按下〔F5〕	

功能	内　　容	显示窗口样式
24. 用户代码和故障码的显示	如果在普通屏或摄像头模式屏上出现显示用户代码和故障码的异常,显示所有异常信息。 　　a:用户代码(3 位数) 　　b:故障码(5 或 6 位数) 　　c:电话标志 　　d:电话号码 　　只有当用户代码设定出现异常(故障码)时,显示此屏。 　　只有当在服务模式中注册了电话号码时,才显示电话标志和电话号码。 　　如果同时出现多种异常,按顺序重复显示所有代码。 　　由于在服务模式中的异常记录中记录了显示的故障码的信息,在服务模式中检查详情	
	当还显示注意监控器时,不显示电话标志	

　　通过显示的用户代码,为操作人员提供所要采取的措施(下表是从操作保养手册中的摘录)。

用户代码	故障模式	措　　施
E02	泵控制系统故障	当紧急泵驱动开关处在上部位置(紧急)时,可以进行正常操作,但要马上进行检查
E03	回转制动系统故障	向上移动回转制动解除开关以解除制动。当施加回转制动时,手动地操作回转锁定开关。根据故障的原因,它可能会不能解除。在任何情况下,要马上进行检查
E10	发动机控制器电源故障 发动机控制器驱动系统电路故障 (发动机停机)	马上进行检查
E11	发动机控制器系统故障 输出下降以保护发动机	把机器操作成安全状态并马上进行检查
E14	节气门系统异常	把机器操作成安全状态并马上进行检查
E15	发动机传感器(冷却液温度、燃油压力、机油压力)系统故障	可以操作,但要马上进行检查
E0E	网络故障	把机器操作成安全状态并马上进行检查

功能	内　　容	显示窗口样式
25. 检查 LCD（液晶显示）的显示功能	当显示普通屏时,如果按下列方式操作以下数字输入开关和功能开关,所有 LCD(液晶显示)以白色点亮。 开关的操作(同时):[4]+[F2] 当完成开关的操作时,先松开[F2]。 如果在 LCD 中有一个显示的故障,仅以黑色显示那个部分。 LCD 面板由于其特性原因有时有黑点(不亮的点)和亮点(不熄灭的点)。 如果亮点和黑点的数量不超过 10 个,这些点不表示故障或缺陷。 为恢复以前的显示屏,按下功能开关	
26. 检查小时表的功能	当启动开关关闭时,为检查小时表,按下列方式操作数字输入开关。此时,只显示小时表部分。 开关的操作(同时):[4]+[1] 由于在 LCD 开始时有一些时间滞后,按下开关直到 LCD 正常显示。 连续使用机器监控器后,在此屏上会看到蓝点(不熄灭的点)。这种现象不表示故障或缺陷	
27. 变更附件/保养密码的功能	当变更用于附件设定功能和保养设定功能的附件/保养密码时,要遵照这些步骤。 1. 当显示普通屏时,用数字输入开关进行下列操作。 开关的操作(当按下[4]时,按顺序进行操作):[4]+[5]→[5]→[5]。 打开启动开关 10min 后,才允许开关的这种操作 2. 显示附件/保养"密码"屏后,用数字输入开关输入目前的密码并用功能开关对它进行确认。 [F5]:重设输入数字/恢复普通屏; [F6]:确认输入数字; 缺省密码:[000000]。 如果输入密码正确,此屏转换到下一个显示屏。 如果输入密码不正确,显示再次输入密码的信息	

功能	内　　容	显示窗口样式
27. 变更附件/保养密码的功能	3. 显示新密码输入屏后,用数字输入开关输入一个新的密码并用功能开关对它进行确认。 　　设定一个 4～6 位数的新密码(如果密码只有 3 位数或 3 位数以下,或有 7 位数或 7 位数以上,是不认可的)。 　　• [F5]:重设输入数字/恢复普通屏; 　　• [F6]:确认输入数字	新密码 □□□□□□ 请输入新密码
	4. 再显示新密码输入屏后,再用数字输入开关输入一个新密码,并用功能开关对它进行确认。 　　[F5]:重设输入数字/恢复普通屏; 　　[F6]:确认输入数字。 　　如果密码与以前输入的密码不同,显示再次输入的信息	新密码 □□□□□□ 请再次输入新密码
	5. 如果显示通知设定完成的显示屏,然后显示普通屏,密码被成功地变更	新密码 输入已完成

第8章
挖掘机场内训练驾驶

第 7 章对挖掘机驾驶操作的操作杆和仪表监控作了学习，本章将进行实际操作，实际操作分为场内训练和施工现场作业两种。

场内训练是施工现场作业的前期基础准备，是模拟练习。

挖掘机驾驶操作是移动挖掘机的基本方法，首先要学会发动机的正确启动与熄火、挖掘机的行走、转向、挖掘机工作装置的正确操作、挖掘机的正确停车和低温使用的特点等操作方法和注意事项。场内训练概括为一启动二行走三回转四动臂，这是最基本的，但是很重要。

8.1 启动与熄火的操作

使挖掘机能够正常和安全地进行工作，须按照一定的程序和步骤对发动机进行控制和操作。挖掘机发动机的控制与操作主要有以下几个方面：启动发动机前的检查与操作、启动发动机、启动发动机后的操作、熄火关闭发动机及发动机关闭后的检查等。

8.1.1 启动发动机前的检查与操作

(1) 巡视检查

启动发动机前，要巡视检查机器和机器的下面，检查是否有螺栓或螺母松动，是否有机油、燃油或冷却液泄漏，并检查工作装置和液压系统的情况，还要检查靠近高温地方的导线是否松动，是否有间隙和灰尘聚积。

每天启动发动机前，应认真检查以下项目：

① 检查工作装置、油缸、连杆、软管是否有裂纹、损坏、磨损或游隙。

② 清除发动机、蓄电池、散热器周围的灰尘和脏物。检查是否有灰尘和脏物聚积在发动机或散热器周围，检查是否有易燃物（枯叶、树枝、草等）聚积在蓄电池或高温部件（如发动机消声器或增压器）周围。要清除所有的脏物和易燃物。

③ 检查发动机周围是否有漏水或漏油，冷却系统是否漏水。发现异常要及时进行修理。

④ 检查液压装置。液压油箱、软管、接头是否漏油。

⑤ 检查下车体（履带、链轮、引导轮、护罩）有无损坏、磨损、螺栓松动或从轮处漏油。

⑥ 检查扶手是否损坏，螺栓是否松动。

⑦ 检查仪表、监控器是否损坏，螺栓是否松动。检查驾驶室内的仪表和监控器是否损坏。发现异常，要及时更换部件，清楚表面的脏物。

⑧ 清洁后视镜，检查是否损坏。如果已损坏，要更换新的后视镜；要清洁镜面，并调整角度以便从驾驶座椅上看到后面的视野。

（2）启动发动机前的检查

1）检查冷却液的液位：

① 打开机器左后部的门，检查副水箱中的冷却水是否在 LOW（低）与 FULL（满）标记之间（见图 8-1）。如果水位低，要通过副水箱的注水口加水到 FULL（满）液位。注意，应加注矿物质含量低的软水。

图 8-1　副水箱的
水位标记

② 加水后，把盖牢固的拧紧。

③ 如果副水箱是空的，首先检查是否有漏水。检查以后，马上修理。如果没有异常，检查散热器中的水位。如果水位低，往散热器中加水，然后往副水箱中加水。

注意事项：①除非必要，不要打开散热器盖。检查冷却液时，要等发动机冷却后检查副水箱。②关闭发动机后，冷却液处在高温，散热器处内部压力较高，如果此时拆下散热器盖以排除冷却液，高温的冷却液会喷出，有烫伤的危险。正确的方法是，等温度降下来，拆卸散热器盖时，慢慢地转动散热器盖以释放内部的压力。

2）检查发动机油底壳内的油位，加油。

① 打开机器上部的发动机罩，拔出油尺，用布擦掉油尺上的油，然后将油尺完全插入检查口管，再把油尺拔出，检查油位是否在油尺的 H 和 L 标记之间。

② 如果油位低于 L 标记，要通过注油口加油（见图 8-2）。

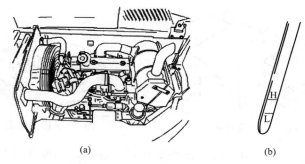

(a)   (b)

图 8-2　机油箱注油口的油尺

③ 如果油位高于 H 线，打开发动机的机油箱底部的放油塞（见图 8-3），排除多余的机油，然后再次检查油位。

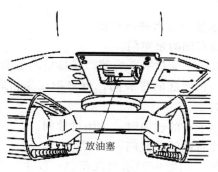

放油塞

图 8-3　机油放油塞

④ 油位合适后，拧紧注油口盖，关好发动机罩。

注意事项：①发动机运转后检查油位，应在关闭发动机后至少

15min 以后再进行。②如果机器是斜的，在检查前要使机器停在水平地面。

3）检查燃油位，加燃油。

① 打开燃油箱上的注油口盖（见图 8-4），油箱浮尺会根据燃油位上升。浮尺的高低代表油箱内燃油量的多少。当浮尺的顶端高出注油口端平面大约 50mm 时，表示燃油已经注满，如图 8-5 所示。

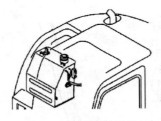
图 8-4　燃油箱的浮尺

图 8-5　燃油箱盖

② 加油后，用注油口盖按下浮尺。注意，不要让浮尺卡在注油口盖的凸耳上，将注油口盖牢固拧紧。

注意事项：①经常清洁注油口盖上的通气孔。②通气孔被堵后，油箱中的燃油将不流动、压力下降，发动机会自动熄火或无法启动。

4）排放燃油箱中的水和沉积物。

① 打开机器右侧的泵室门。

② 在排放软管下面放一个容器，接排放的燃油。

③ 打开燃油箱后部的排放阀，将聚积在油箱底部的沉积物和水与燃油一起排除。

④ 见到流出干净的燃油时，关闭排放阀。

⑤ 关上机器右侧的泵室门。

5）检查油水分离器中的水和沉积物，放水。打开机器右后侧的门，检查油水分离器内部的浮环是否已经升到标记线，要按照以下步骤放水。油水分离器的组成如图 8-6 所示。

① 在油水分离器下部放一个接放油的容器。

② 关闭燃油箱底部的燃油阀。

③ 拆下油水分离器上端的排气螺塞。

④ 松开油水分离器底部的排放阀，把水和沉积物排入容器。

⑤ 松开环形螺母拆下滤芯壳体。

⑥ 从分离器座上拆下滤芯，并用干净的柴油进行冲洗。

⑦ 检查滤芯，如果损坏，要进行更换。

⑧ 如果滤芯完好无损，将滤芯重新安装好。安装时注意先将油水分离器的排放阀关闭，然后装上油水分离器上端的排气螺塞。环形螺母的拧紧力矩应为（40±3）N·m。

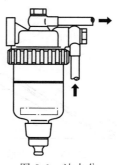

图 8-6　油水分离器的组成

⑨ 松开排气螺塞，往滤芯壳体内添加燃油，见燃油从排气螺塞流出时，拧紧排气螺塞。

6）检查液压油箱中的油位，加油

① 工作装置处在图 8-7 的状态，启动发动机并低速运转发动机，收回斗杆和铲斗油缸，然后降下动臂，把铲斗斗齿调成与地面接触，关闭发动机。

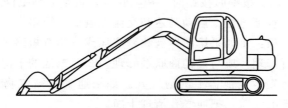

图 8-7　检查液压油位时挖掘机的状态

② 在关闭发动机后的 15s 内，把启动开关切换到 ON 位置，并以每种方向全程操作操纵杆（工作装置、行走）以释放内部压力，如图 8-8 所示。

③ 打开机器右侧泵室门，检查液压油位计，油位应处在 H 和 L 线之间（见图 8-9）。

④ 油位低于 L 线时，通过液压油箱顶部的注油口加油。

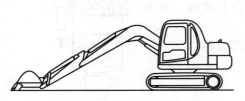

图 8-8　全收工作油缸

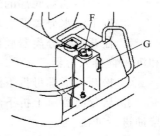

图 8-9　液压油位计及油位线
F—放气阀；G—液压油位计

注意：不要将油加到 H 线以上，否则会损坏液压油路或造成油喷出。如果已经将油加到 H 油位以上，要关闭发动机，等液压油冷却后，从液压油箱底部的排放螺塞排出过多的油。

在拆卸盖之前，要慢慢转动注油口盖释放内部压力，防止液压油喷出。

7）检查电器线路。检查熔断器（保险丝）是否损坏或容量是否相符，检查电路是否有断路或短路迹象，检查各端子是否松动并拧紧松动的零件，检查喇叭的功能是否正常。将启动开关切换到 ON 位置，确认按喇叭按钮时，喇叭鸣响，否则应马上修理。

注意检查蓄电池、启动马达和交流发电机的线路。

注意事项：①如果熔断器被频繁烧坏或电路有短路迹象，找出原因并进行修理，或与经销商联系修理。②蓄电池的上部表面要保持清洁，检查蓄电池盖上的通气孔。如果通气孔被脏物或尘土堵塞，冲洗蓄电池盖，把通气孔清理干净。

（3）启动发动机前的操作、确认

每次启动发动机前，应认真做以下检查：

1）检查安全锁定控制杆是否在锁紧位置。

2）检查各操作杆是否在中位。

3）启动发动机时不要按下左手按钮开关。

4）将钥匙插入启动开关，把钥匙转到 ON 位置，然后进行下列检查：

① 蜂鸣器鸣响约 1s，下列监控器的指示灯和仪表（见图 8-10）闪亮约 3s：散热器水位监控器，机油油位监控器，充电电位监控器，燃油油位监控器，发动机水温监控器，机油压力监控器，发动机水温计，燃油计，空气滤清器堵塞监控器。

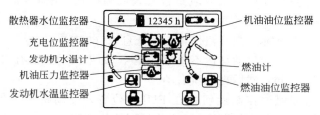

散热器水位监控器

机油油位监控器

充电位监控器

发动机水温计

机油压力监控器

发动机水温监控器

燃油计

燃油油位监控器

图 8-10　发动机启动前监控器显示的检查项目

如果监控器不亮或蜂鸣器不响，则监控器可能有故障，要与经销商联系修理。

② 启动大约 3s 以后，屏幕转换到工作模式/行走速度显示监控器，然后转换到正常屏幕，其显示项目：燃油油位监控器、发动机油位监控器、发动机水温计燃油计、液压油温度计和液压有温度监控器。

③ 如果液压油温度表熄灭，液压油温度监控器的指示灯依然发亮（红色），要马上对所指示的项目进行检查（见图 8-11）。

④ 如果某些项目的保养时间已过，保养监视器指示灯闪亮 30s。按下保养开关，检查此项目，并马上进行保养。

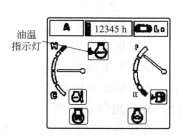

油温指示灯

⑤ 按下前灯开关，检查前灯是否亮。如果前灯不亮，可能是灯泡烧坏或短路，应进行更换或修理。

图 8-11　液压油温度监控器指示灯

注意事项：启动发动机时，检查安全锁定控制杆是否固定在锁定位置；如果没有锁定操纵杆，启动发动机时意外触到操纵杆，工作装置会突然移动，可能会造成严重事故；当从操作人员座椅中站起时，不管发动机是否运转，一定要将安全锁定控制杆设定在锁定位置。

8.1.2 启动发动机

（1）正常启动

1）启动前注意事项：

① 检查挖掘机周围区域是否有人或障碍物，喇叭鸣响后才能启动发动机。

② 检查燃油控制旋钮是否处在低怠速（MIN）位置。

③ 连续运转启动马达不要超过 20s。如果发动机没有启动，至少应等待 2min，然后再重新启动。

④ 如果燃油控制旋钮处在 FULL 位置，发动机将突然加速，会造成发动机零部件损坏。注意将控制旋钮调到中速或低速位置。

2）检查安全锁定控制杆是否处在锁定位置；安全锁定控制杆处在自由位置，发动机将不能启动。

3）把燃油控制旋钮调到低怠速（MIN）位置。如果控制旋钮处在高怠速（MAX）位置，一定要转换到低怠速（MIN）位置。

4）将启动开关钥匙转到 START 位置，发动机将启动。

5）当发动机启动时，松开启动开关钥匙，钥匙将自动回到 ON 位置。

6）发动机启动后，当机油压力监控器指示灯还亮时，不要操作工作装置操作杆和行走操作杆（踏板）。

注意事项：如果 4～5s 以后，机油压力监控器指示灯仍不熄灭，要马上关闭发动机，检查机油油位，检查是否有机油泄漏，并采取必要的技术措施。

（2）冷天启动发动机

在低温条件下按下列步骤启动发动机：

1）检查安全锁定控制杆是否处在锁定位置。如果安全锁定控制杆处在自由位置，发动机将不能启动。

2）把燃油控制旋钮调到低怠速（MIN）位置。不要把燃油控制旋钮调到高速（MAX）位置。

3）将启动开关钥匙保持在 HEAT（预热）位置，并检查预热监控器是否亮。大约 18s 后，预热监控器指示灯将闪烁，表示预热完成。此时，监控器和仪表将发亮，这属正常现象。

4）当预热监控器熄灭时，把启动开关钥匙转动到 START 位置，启动发动机。

5）发动机启动后，松开启动开关钥匙，钥匙自动回到 ON 位置。

6）发动机启动后，当机油压力监控器指示灯还亮时，不要操作工作装置操作杆和行走踏板。

8.1.3 启动发动机后的操作

（1）暖机操作

暖机操作主要包括发动机的暖机和液压油的预热两方面的工作。只有等暖机操作结束后才能开始作业。暖机操作步骤如下。

1）将燃油控制旋钮切换到低速与高速之间的中速位，并在空载状态下中速运转发动机大约 5min。

2）将安全锁定控制杆调到自由位置，并将铲斗从地面升起。在此过程中注意以下两点：

① 慢慢地操作铲斗操纵杆和斗杆操纵杆，将铲斗油缸和斗杆油缸移到行程端部。

② 铲斗和斗杆全行程操作 5min，在铲斗操作和斗杆操作之间，以 30s 为周期转换。

3）预热操作后，检查机器监控器上的所有仪表和指示灯是否处于下列状态。

① 散热器水位监控器：不显示。

② 机油油位监控器：不显示。

③ 充电电位监控器：不显示。

④ 燃油油位监控器：绿色显示。

⑤ 发动机水温监控器：绿色显示。

⑥ 机油压力监控器：不显示。

⑦ 发动机冷却液（水温）计：指针在黑色区域内。

⑧ 燃油计：指针在黑色区域内。

⑨ 发动机预热监控器：不显示。

⑩ 空气滤清器堵塞监控器：不显示。

⑪ 液压油温度计：指针在黑色区域内。

⑫ 液压油温度监控器：绿色显示。

4）检查排气颜色、噪声或振动有无异常，如发现异常，应进行修理。

5）如果空气滤清器堵塞监控器指示灯显示，要马上清洁或更换滤芯。

6）利用监控器上的工作模式选择开关选择将要采用的工作模式。

工作模式监控器显示的 4 种模式及作用如下。

A 模式：用于重负荷操作，如挖掘石块等。

E 模式：着重于节省燃油的操作。

L 模式：用于精确控制操作，如起吊作业、平整土地等。

B 模式：用于破碎器的操作。

注意事项：① 液压油处在低温时，不要进行操作或突然移动操纵杆。一定要进行暖机操作，否则有损机器的使用寿命。

② 在暖机操作完成之前，不要使发动机突然加速。

③ 不要以低怠速或高怠速连续运转发动机超过 20min，否则会造成涡轮增压器供油管处漏油。如果必须用怠速运转发动机，要不时地施加载荷或以中速运转发动机。

④ 如果发动机冷却液温度在 30℃ 以下，为保护涡轮增压器，在启动以后的 2s 内发动机转速不要提升，即使转动了燃油控制旋钮也是这样。

⑤ 如果液压油温度低，液压油温度监控器指示灯显示为白色。

⑥ 为了能更快地升高液压油温度，可将回转锁定开关转到 SWING LOCK（锁定）位置，再将工作装置油缸移到行程端部，同时全行程操作工作装置操作杆，做溢流动作。

（2）自动暖机操作

在寒冷地区启动发动机时，启动发动机后，系统自动进行暖机操作。启动发动机时，如果发动机冷却液温度低于 30℃，将自动进行暖机操作。如果发动机冷却液温度达到规定的温度（30℃）或暖机操作持续了 10min，自动暖机操作将被取消。自动暖机操作后，发动机冷却液温度或液压油温度还低，按下列步骤进一步暖机：

1）将燃油控制旋钮转到低速与高速之间的中速位置。

2）将安全锁定控制杆调到自由位置，并将铲斗从地面升起。

3）慢慢地操作铲斗操纵杆和斗杆操纵杆，将铲斗油缸和斗杆油缸移到行程端部。

4）依次操作铲斗30s和操作斗杆30s，全部操作需持续5min。

5）进行预热操作后，检查机器监控器上的仪表和指示灯是否处于下列状态：

① 散热器水温监控器：不显示。

② 机油油位监控器：不显示。

③ 充电电位监控器：不显示。

④ 燃油油位监控器：绿色显示。

⑤ 发动机水温监控器：绿色显示。

⑥ 机油压力监控器：不显示。

⑦ 发动机冷却液（水温）计：指针在黑色区域内。

⑧ 燃油计：指针在黑色区域内。

⑨ 发动机预热监控器：不显示。

⑩ 空气滤清器堵塞监控器：不显示。

⑪ 液压油温度计：指针在黑色区域内。

⑫ 液压油温度监控器：绿色显示。

6）检查排气颜色、噪声或振动有无异常。如发现异常，应进行修理。

7）如果空气滤清器堵塞监控器闪亮，马上清洁或更换滤芯。

8）把燃油控制旋钮转到高（MAX）位置并进行3~5min的第5）步操作。

9）重复3）~5）操作并慢慢地操作：动臂操作提升←→下降；斗杆操作收回←→伸出；铲斗操作挖掘←→卸荷；回转操作左转←→右转；行走（低速）操作前进←→后退。

10）用机器监控器上的工作模式开关选择要用的工作模式。

注意事项：①若不进行上述操作，当启动或停止各操作机构时，在反应上会有延迟，因此要继续操作，直到正常为止。②其他注意事项与暖机操作相同。

注：暖机操作的取消。当发动机的冷却液温度低于30℃时启动发动机，系统便会自动进行暖机操作。此时燃油控制旋钮虽在低速（MIN）位置，但系统却将发动机转速设定为1200r/min左右。在某些紧急情况下，如果需要时不得不把发动机转速降至低怠速。应按下列步骤取消自动暖机操作：

① 将钥匙插入启动开关，从OFF切换到ON位置。

② 把燃油控制旋钮切换到高速（MAX）位置，并在该位置保持3s。

③ 再把燃油控制旋钮拨回到低速（MIN）位置。

④ 此时再启动发动机，自动暖机功能已被取消，发动机以低速运转。

（3）工作模式的选择

1）为确保液压挖掘机在安全、高效、节能状态下作业，在发动机控制系统中设定了4种工作模式，以适应不同工作条件下挖掘机进行有效的工作。

2）利用机器监控器上的工作模式选择开关可选择与工作条件相匹配的工作模式。

3）当把发动机开关切换到ON位置时，工作模式被调定在A模式（挖掘）。利用工作模式选择开关可以把模式调到与工作条件相匹配的最有效的模式。小松山推的PC200/200-7液压挖掘机的工作模式及与之相匹配的操作见表8-1。

表8-1　各工作模式的适用场合

工作模式	适用的操作
A模式	普通挖掘、装载操作（着重于生产率的操作）
E模式	普通挖掘、装载操作（着重于节约燃油的操作）
L模式	需要精确定位工作装置时（如起吊、平整等精确控制作业操作）
B模式	破碎器操作

注：如果在A模式下进行破碎器操作，会损坏液压装置。只能在B模式下操作破碎器。

4）在操作过程中，为了增加动力，可以使用触式加力功能来增加挖掘力。选择 A 模式或 E 模式时，在作业过程中，按下左手操作杆端部的按钮开关（触式加力开关）（见图 8-12），可增加约 7％的挖掘力。但是，若持续按住按钮开关超过 8.5s，触式加力功能便自动取消，工作模式恢复至原来的工作模式。过几秒钟后，可再次使用此功能。

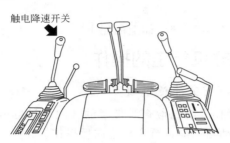

图 8-12　左手按钮（触式加力）开关

8.1.4　关闭发动机

关闭发动机的步骤是否正确，对发动机的使用寿命有极大的影响。如果发动机还没冷却就被突然关闭，会极大地缩短发动机的使用寿命。因此，除紧急情况外，不要突然关闭发动机。特别是在发动机过热时，更不要突然关闭，应以中速运转，使发动机逐渐冷却，然后再关闭发动机。正确关闭发动机的步骤如下：

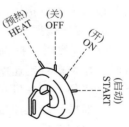

1）低速运转发动机约 5min，使发动机逐渐冷却。如果经常突然关闭发动机，发动机内部的热量不能及时散发出去，会造成机油提前劣化，垫片、胶圈老化，涡轮增压器漏油磨损等一系列故障。

图 8-13　启动开关

2）把启动开关（见图 8-13）钥匙切换到 OFF 位置，关闭发动机。

3）取下启动开关钥匙。

8.1.5　关闭发动机后的检查

为了能及时发现挖掘机可能存在的安全隐患，使挖掘机能保持良好的正常工作状态，关闭挖掘机后，应对挖掘机进行下列项目的检查：

1）对机器进行巡视，检查工作装置、机器外部和下部车体，检查是否有漏油或漏水。如果发现异常，要及时进行修理。

2）将燃油箱加满燃油。

3）检查发动机室是否有纸片和碎屑，清除纸片和碎屑以避免发生火险。

4）清除黏附在下部车体上的泥土。

8.2　挖掘机行走的操作

8.2.1　行走前安全注意事项

1）行走操作之前先检查履带架的方向，尽量争取挖掘机向前行走。如果驱动轮在前，行走杆应向后操作。

2）挖掘机起步前检查环境安全情况，清理道路上的障碍物，无关人员离开挖掘机，然后提升铲斗。

3）准备工作结束后，驾驶员先按喇叭，然后操作挖掘机起步。

4）如果行走杆在低速范围内挖掘机起步，发动机转速会突然升高，因此，驾驶员要小心操作行走杆。

5）挖掘机倒车时要留意车后空间，注意挖掘机后面盲区，必要时请专人予以指挥协助。

6）液压挖掘机行走速度—高速或低速由驾驶员选择。选择开关"O"位置时，挖掘机将低速、大转矩行走；选择开关"1"位置时，挖掘机行走速度根据液压行走回路的工作压力而自动升高或下降。例如，挖掘机在平地上行走可选择高速；上坡行走时可选择低速。如果发动机速度控制盘设定在发动机中速（约 1400r/min）以下，即使选择开关在"1"位置，挖掘机仍会以低速行走。

7）挖掘机应尽可能在平地上行走，并避免上部转台自行放置或操纵其回转。

8）挖掘机在不良地面上行走时应避免岩石碰坏行走马达和履带架。泥沙、石子进入履带会影响挖掘机正常行走及履带的使用寿命。

9）挖掘机在坡道上行走时应确保履带方向和地面条件，使挖掘机尽可能直线行驶，保持铲斗离地 20～30cm。如果挖掘机打滑或不稳定，应立即放下铲斗；发动机在坡道上熄火时，应降低铲斗至地面，将控制杆置于中位，然后重新启动发动机。

10）尽量避免挖掘机涉水行走，必须涉水行走时应先考察水下地面状况，且水面不宜超过支重轮的上边缘。

11）将回转锁定开关调到 SWING LOCK（锁定）位置，并确认在机器监控器上回转锁定监控指示灯亮。

12）把燃油控制旋钮向高速位置旋转以增加发动机的转速。

8.2.2　向前行走的操作

（1）操作方法

1）把安全锁定控制杆调到自由位置，抬起工作装置并将其抬离地面 40～50cm。

2）按下列步骤操作左右行走操纵杆和左右行走踏板。

① 驱动轮在机器后部时，慢慢向前推操纵杆，或慢慢踩下踏板的前部使机器向前行走，见图 8-14(a)。

② 驱动轮在机器前部时，慢慢向后拉动操纵杆，或慢慢踩下踏板的后部使机器向前行走，见图 8-14(b)。

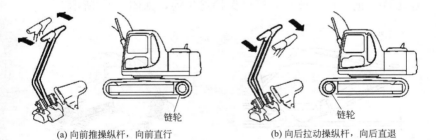

(a) 向前推操纵杆，向前直行　　　　　(b) 向后拉动操纵杆，向后直退

图 8-14　直线行进操作

（2）注意事项

① 低温条件时，如果机器行走速度不正常，要彻底进行暖机操作。

② 如果下部车体被泥土堵塞，机器行走速度不正常，要清除下部车体上的污泥。

8.2.3 向后行走的操作

1）将安全锁定控制杆调到自由位置，抬起工作装置并将其抬离地面 40～50cm。

2）按下列操作左右行走操纵杆和行走踏板。

① 驱动轮在机器的后部时，慢慢向后拉操纵杆，或踩下踏板的后部使机器向后行走。

② 驱动轮在机器的前部时，慢慢向前推操纵杆，或踩下踏板的前部使机器向后行走。

8.2.4 停住行走的操作

(1) 操作方法

把左右行走杆置于中位，便可停住机器。

(2) 注意事项

避免突然停车，停车处要有足够的空间。

8.2.5 正确行走的操作

(1) 正确行走操作要求

挖掘机行走时，应尽量收起工作装置并靠近机体中心，以保持稳定性；把终传动放在后面以保护终传动，如图 8-15 所示。

行走状态

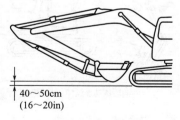

40～50cm
(16～20in)

图 8-15 正确的行走

图 8-16 行走时尽量避免驶过树桩、岩石等障碍物

(2) 安全主要事项

① 要尽可能地避免驶过树桩和岩石等障碍物，以防止履带扭曲，如图 8-16、图 8-17 所示；若必须驶过障碍物时，应确保履带

中心在障碍物上，如图 8-18 所示。

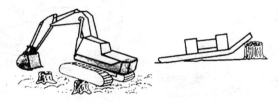

图 8-17　不正确越过障碍物时会造成履带扭曲

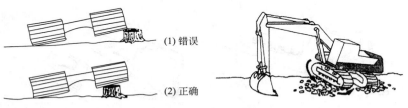

(1) 错误

(2) 正确

图 8-18　越过障碍物时错误
和正确的行走方式

图 8-19　越过土堆时用
工作装置支撑地面

② 过土墩时，应始终用工作装置支撑住底盘，防止车体剧烈晃动甚至翻倾，如图 8-19 所示。

③ 应避免长时间停在陡坡上怠速运转发动机，否则会因油位角度的改变而导致润滑不良。

机器长距离行走，会使支承轮及终传动内部因长时间回转产生高温，机油黏度下降和润滑不良，应经常停机冷却降温，延长下部机体的使用寿命。

禁止靠行走的驱动力进行挖土作业，否则过大的负荷将会导致下车部件的早期磨损或破坏。

上坡行走时，应当驱动轮在后，以增加触地履带的附着力，如图 8-20 所示。

④ 下坡行走时，应当驱动轮在前，使上部履带绷紧，以防止停车时车体在重力作用下向前滑移而引起危险，如图 8-21 所示。

在斜坡上行走时，工作装置应置于前方以确保安全，停车后，铲斗轻轻地插入地面，并在履带下放置挡块，如图 8-22 所示。

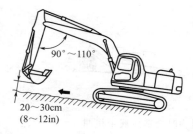

图 8-20　上坡时正确的行走姿态

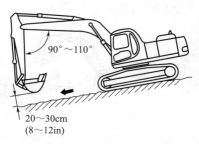

图 8-21　下坡时正确的行走姿态

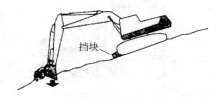

图 8-22　在斜坡上停车
正确的行走姿态

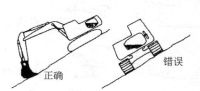

图 8-23　在斜坡上停车时
正确和错误的姿态

在斜坡上停车时，要面对斜坡下方停车，不要侧随斜坡停车，如图 8-23 所示。

在陡坡行走转弯时，应将速度放慢，左转时，向后转动左履带，右转时，向后转动右履带，这样可降低在斜坡上转弯的危险。

8.3　挖掘机转向的操作

(1) 转向时的注意事项

1) 操作行走操纵杆前，检查驱动轮的位置。如果驱动轮在前面，行走操纵杆的操作方向是相反的。

2) 尽可能避免方向突然改变。特别是进行原地转向时，转弯前要停住机器。

3) 用行走操纵杆改变行走方向。

(2) 停住转向的操作方法

1) 向左转弯。向前行走时，向前推右行走操纵杆，机器向左转向；向后行走时，往回拉右行走操纵杆，机器向左转向，如图8-24 所示。

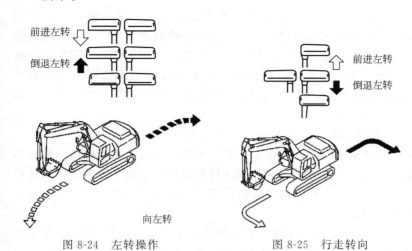

图 8-24　左转操作　　　　　　图 8-25　行走转向

2）向右转弯。向右转弯时，以同样的方式操作左行走操纵杆。

(3) 行进中改变挖机行走方向的操作方法 （见图 8-25）

1）向左转弯。在行进过程中，当向左转向时，将左边的行走操纵杆置于中位，机器将向左转。

2）向右转弯。在行进过程中，当向右转向时，将右边的行走操纵杆置于中位，机器将向右转。

(4) 原地转向的操作方法

1）原地向左转弯（见图 8-26）。使用原地转向向左转弯时，往回拉左行走操纵杆并向前推右行走操纵杆。

2）原地向右转弯。使用原地转向向右转弯时，往回拉右行走操纵杆并向前推左行走操纵杆。与左转操作相反。

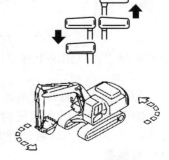

图 8-26　左转操作

8.4 挖掘机工作装置的操作

挖掘机挖掘作业过程中，工作装置主要有铲斗转动、斗杆收放、动臂升降和转台回转等四个动作。作业操纵系统中工作油缸的推拉和液压马达的正、反转，绝大多数是采用三位轴向移动式滑阀控制液压油流动的方向实现的；作业速度是根据液压系统的形式（定量系统或变量系统）和阀的开度大小等由操作人员控制，或者通过辅助装置控制。

（1）操作方法

工作装置的动作是由左、右两侧的工作装置操纵杆控制和操作的。左侧工作装置操纵杆操作斗杆和回转；右侧工作装置操纵杆操作动臂和铲斗。松开操纵杆时，它们会自动地回到中位，工作装置保持在原位。

机器处于静止及工作装置操纵杆中位时，由于自动降速功能的作用，即使燃油控制旋钮调到 MAX 位置，发动机转速也保持在中速。

（2）回转时的操作

1）操作方法。进行回转操作时，应按以下步骤进行：

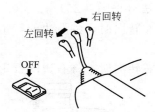

图 8-27　回转操作开关

① 在开始回转操作以前，将回转操作开关（见图 8-27）置于 OFF 位置，并检查回转锁定指示灯是否已熄灭。

② 操作左侧工作装置操纵杆进行回转操作。

③ 不进行回转操作（见图 8-28）时，将回转操作开关置于 SWING LOCK 位置，以锁定上部车体。回转锁定指示灯应同时亮。

2）注意事项：

① 每次回转操作之前，按下喇叭开关，防止意外发生。

② 机器的后部在回转时会伸出履带宽度外侧，在回转上部结构前，要检查周围区域是否安全。

（3）蓄能器

蓄能器是用于工作时储存机器控制回路中压力的装置。发动机

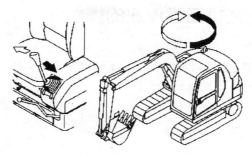

图 8-28　回转操作

关闭后，在短时间内通过操作控制杆可释放蓄能器储存的压力，通过操作控制回路，使工作装置在自重作用下降至地面。蓄能器安装在液压回路的六联电磁阀的左端。装有蓄能器的机器控制管路的卸压方法：

① 把工作装置降至地面，然后关闭破碎器或其他附件。

② 关闭发动机。

③ 把启动开关的钥匙再转到 ON 位置，以使电路中的电流流动。

④ 把安全锁定杆调到松开位置，然后全行程前、后、左、右操作工作装置操纵杆以释放控制管路中的压力。

⑤ 把安全锁定控制杆调到锁定位置，以锁住操纵杆和附件踏板。

⑥ 此时压力并不能完全卸掉。若拆卸蓄能器，应渐渐松开螺纹。切勿站在油的喷射方向前。

蓄能器内充有高压氮气，不当操作有造成爆炸的危险，导致严重的伤害或损坏。操作蓄能器时，须注意：①控制管路内的压力不能被完全排除，拆卸液压装置时，不要站在油喷出的方向。要慢慢松开螺栓。②不要拆卸蓄能器。③不要把蓄能器靠近明火或暴露在火中。④不要在蓄能器上打孔或进行焊接。⑤不要碰撞、挤压蓄能器。⑥处置蓄能器时，须排除气体，以消除其安全隐患。处置时应与挖掘机经销商联系。

8.5 挖掘机正确停放的操作

（1）操作方法

停放机器应按下列步骤进行，正确停放姿势如图8-29所示：

① 把左右行走操纵杆置于中位。

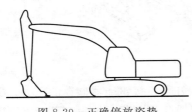

② 用燃油控制旋钮把发动机转速降至低速。

③ 水平落下铲斗，直到铲斗的底部接触地面。

④ 把安全锁定控制杆置于锁定位置。

完成作业后，应检查机器监控器上发动机冷却液温度、机油压力和燃油油位。

图 8-29　正确停放姿势

（2）注意事项

停止作业后，需要离开机器时，应锁好下列地方。

① 驾驶室门，且注意关好车窗。

② 燃油箱注油口。

③ 发动机罩。

④ 蓄电池箱盖。

⑤ 机器的左、右侧门。

⑥ 液压油箱注油口。

注：用启动开关钥匙打开或锁好上述位置。

8.6 低温下挖掘机的使用与操作

在低温条件下，发动机不容易启动，冷却液会冻结。因而挖掘机的使用和操作与正常条件下的使用和操作有不同的要求。

（1）寒冷天气的操作

1）燃油和机油。应换用低黏度的燃油和机油。可查阅挖掘机使用操作手册选择燃油和机油的牌号。

2）冷却系统的冷却液。在寒冷天气条件下，应在冷却系统加防冻液。防冻液加入的混合比可根据防冻液产品说明书确定。使用防冻液注意事项：

① 防冻液有毒，不要让防冻液溅入眼睛和皮肤上。假如溅入眼睛或皮肤上，要用大量清水进行冲洗并立即就医。

② 处理防冻液时要格外注意。当更换含有防冻液的冷却液时，或修理散热器处理冷液时，请与挖掘机经销商联系或询问当地防冻液销售商。注意，不要让液体流入下水道或洒到地上。

③ 防冻液易燃，不要靠近任何火源。处理防冻液时，禁止吸烟。

④ 不要使用甲醇、乙醇或丙醇基防冻液。

⑤ 绝对避免使用任何防漏剂，单独使用或与混合使用防冻液都是不允许的。

⑥ 不同品牌的防冻液不可混合使用。

⑦ 在买不到永久型防冻液的地区，在寒冷季节只能使用不含防腐剂的乙二醇防冻液。这种情况下，冷却系统要一年清洗两次（春季和秋季）。向冷却系统加注时，在秋季应添加防冻液。

3）蓄电池。

① 使用蓄电池时注意事项：

a. 蓄电池会产生易燃气体，不要让火或火星靠近蓄电池。

b. 蓄电池电解液也是危险的。如果电解液溅入眼睛或溅到皮肤上，要用大量清水进行冲洗并立即就医。

c. 蓄电池电解液会溶解油漆。如果电解液洒在机身上，要马上用水流冲洗掉。

d. 如果蓄电池电解冻结，不要用不同的电源给蓄电池充电或启动发动机，这样做有造成蓄电池爆炸的危险。

e. 环境温度下降时，蓄电池的容量也随之下降。如果蓄电池的充电率低，蓄电池电解液会冻结。要保持蓄电池充电率尽量接近100％，并使蓄电池与低温隔绝，以便第二天可以容易地启动机器。

② 蓄电池的防冻方法：

a. 用保温材料包裹。

b. 将蓄电池从机器上卸下来放在温暖的地方，次日早上再装到机器上。

c. 如果电解液的液位低，要在早上开始工作前添加蒸馏水。不要在日常工作后加水，以防止蓄电池内的液体夜晚冻结。

蓄电池的充电通过测量电解液的密度算出；温度可通过下面的换算表 8-2 算出。

表 8-2　电解液规定密度与充电率之间的换算表

液体温度/℃ 充电率/%	20	0	-10	-20
100	1.28	1.29	1.30	1.31
90	1.26	1.27	1.28	1.29
80	1.24	1.25	1.26	1.27
75	1.23	1.24	1.25	1.26

（2）日常作业完工后的操作

为防止下部车体上的泥土、水冻结造成机器次日早晨不能移动，要遵守下列注意事项：

1）彻底清除机身上的泥和水，这是为了防止由于泥、脏物与水滴一起进入密封内部而损坏密封。

2）要把机器停放在坚硬、干燥的地面上。如果可能，把机器停放在木板上，这样可防止履带冻入土中，使机器可以在第二天早上方便启动。

3）打开排放阀，排除燃油系统中聚积的水，防止冻结。

4）在水中或泥中操作后，要按下面的方式排出下部车体中的水以延长下部车体的使用寿命。

① 发动机以低速运转，回转 90°把工作装置转到履带一侧。

② 顶起机器，使履带稍微抬离地面，使履带空转。左右两侧的履带重复这种操作，如图 8-30 所示。

在进行上述操作时，履带空转是危险的，无关人员要离履带远一些。

5）操作结束后，要加满燃油，防止温度下降时空气中的湿气冷凝形成水。

（3）寒冷季节过后

当天气变暖时，按下列步骤进行。

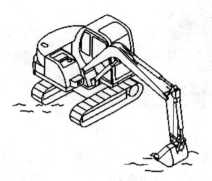

图 8-30　排出下部车体内水的方法

1）用规定黏度的油更换所有的燃油和机油。

2）如果由于某种原因不能使用永久型防冻液，而用乙二醇基防冻液（冬季型）代替防冻液，要完全把冷却系统排干净，然后彻底清洗冷却系统内部，并加入新鲜的软水。

第9章
驾驶作业技术

　　学会挖掘机的启动、操作工作装置、转向、行走、安全停车等单项操作后，还要根据实际需要，进行更严格的基本作业项目的训练。挖掘机的基本作业项目是正确的挖掘、上下坡、装车、找平、刷坡、上下平板等，同时把前面所学的在规定的训练场地内，按规定的标准和要求进行综合的操作作业练习。通过练习，培养、锻炼驾驶员的目测判断能力和驾驶作业技巧，提高挖掘机驾驶作业技术水平。

9.1　基础作业项目的操作

　　挖掘机驾驶作业的基本项目有挖掘、上下坡、装车、找平、刷坡、上下平板等，这些项目是挖掘机现场工地作业的基本操作技术，只有熟练掌握这些技术，才能进入工地实际作业。

9.1.1　挖掘作业的操作

　　挖掘作业是挖掘机驾驶作业首先要熟练掌握的最基本技能，只有掌握好挖掘，才能学好其他作业项目。挖掘又有挖土、挖沟、挖建筑基坑、挖掘岩石等基本作业。

（1）挖土作业的操作

　　1）操作要领。在工作场地内卧稳机器后，把二臂完全打开，铲斗口与二臂臂杆基本成平行状态后，把铲斗落在地面上，回收二臂到与地面基本成垂直状态后停止，在收二臂的同时点抬大臂、点收铲斗，使铲斗挖满、端平，抬起大臂，使斗底脱离地面后旋转，在接近甩土指定地点时二臂打开、铲斗打开，这样可以提高速度，最后将土甩在指定位置，要求把土尽量甩远些。旋转机器到指定挖土位置后继续下一个挖土、甩方动作，如图9-1、图9-2所示。

图9-1 挖土

图9-2 甩土

2）注意事项。工作结束后，将机器行走至停放位置，将铲斗完全打开与二臂垂直于地面，关闭液压安全锁、操纵杆、怠速运转5min，关闭发动机，确定锁好门窗，然后离开。

① 上机后应先静下心，或者闭上眼睛仔细想一下你要做的动作是什么，应该怎么操作，首先做到心中有数，而不是直接进行操作机器。

② 操作机器先做几个空动作，熟悉一下操作手柄。手柄熟悉以后，观察一下周围的环境，工作环境是否可以安全操作，然后再专心操作机器进行学习训练。

③ 开始操作时，动作不要做得过快，应该先将动作做规范，操作熟练以后才可以达到熟能生巧的目的。

④ 不要把注意力放到其他人身上，应始终把注意力保持在周围的工作环境、机器大臂、二臂、铲斗上，集中注意力专心进行操作训练。只有克服自己的紧张情绪，对自己充满信心，做好每一个复合操作动作，才会让自己在实际上机训练中进步更快，操作更熟练。

（2）挖沟作业（见图9-3）**的操作**

反铲挖掘机的挖沟作业方式有沟端挖掘、沟侧挖掘、直线挖掘、曲线挖掘、保持一定角度挖掘、超深沟挖掘和沟坡挖掘等。

1）沟端挖掘。挖掘机从沟槽的一端开始挖掘，然后沿沟槽的

图 9-3　挖沟作业

中心线倒退挖掘，自卸车停在沟槽一侧，挖掘机动臂及铲斗回转 40°～45°即可卸料。如果沟宽为挖掘机最大回转半径的 2 倍时，自卸车只能停在挖掘机的侧面，动臂及铲斗要回转 90°方可卸料。若挖掘的沟槽较宽，可分段挖掘，待挖掘到尽头时调头挖掘毗邻的一段。分段开挖的每段挖掘宽度不宜过大，以自卸车能在沟槽一侧行驶为原则，这样可减少作业循环的时间，提高作业效率。

2）沟侧挖掘。沟侧挖掘与沟端挖掘不同的是，自卸车停在沟槽端部，挖掘机停在沟槽一侧，动臂及铲斗回转小于 90°即可卸料。沟侧挖掘的作业循环时间短、效率高，但挖掘机始终沿沟侧行驶，因此挖掘过的沟边坡较大。

3）直线挖掘。当沟槽宽度与铲斗宽度相同时，可将挖掘机置于沟槽的中心线上，从正面进行直线挖掘。挖到所要求的深度后再后退挖掘机，直至挖完全部长度。用这种方法挖掘浅沟槽时挖掘机移动的速度较快，反之则较慢，但都能很好地使沟槽底部挖得符合要求。

4）曲线挖掘。挖掘曲线沟槽时，可用短直线步进挖掘，相继连接而成，为使沟廓有圆滑的曲线，需要将挖掘机中心线稍微向外偏斜，挖掘机同时缓慢地向后移动。

5）保持一定角度挖掘。保持一定角度的挖掘方法通常用于铺设管道的沟槽挖掘，多数情况下挖掘机与直线沟槽保持一定的角度，而曲线部分很小。

6）超深沟挖掘。当需要挖掘面积很大、深度也很大的沟槽时，可采用分层挖掘方法或正、反铲双机联合作业。

7）沟坡挖掘。挖掘沟坡时将挖掘机位于沟槽一侧，最好用可调的加长铲斗杆进行挖掘，这样可以使挖出的沟坡不需要修整。

（3）挖掘建筑基坑作业的操作

箱形坑的挖掘作业。挖掘机可挖掘坑长、宽均为铲斗宽度的两倍，坑深是一个铲斗高度的箱形坑，如图9-4所示。挖掘时，铲刃尖垂直于地面，操作动臂＋铲斗杆＋铲斗，逐渐往下挖，以保证挖掘面平直。

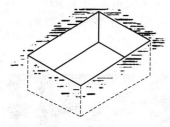

图9-4　箱形坑

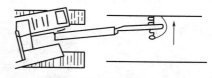

图9-5　坑的左右侧面的挖掘要领（俯视图）

坑的左右两侧面的垂直整平按挖沟的要领实施，如图9-5所示。

整平远离挖掘机的侧面时，铲斗杆伸展至80%左右，而不要从最大伸展范围开始。用铲刃尖接触挖掘面，一面降下动臂，一面收铲斗杆，同时一点一点地打开铲斗，确保侧面垂直平整，如图9-6所示。

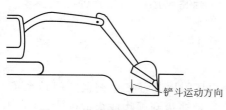

图9-6　坑的外端侧面的整平

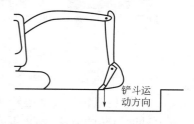

图9-7　坑的里端侧面的整平

整平近车身一侧的侧面时，用铲刃尖接触挖掘面，使斗杆与地面垂直，一边下降动臂，一边伸展铲斗杆，同时逐渐打开铲斗以确保作业面垂直、平整，如图9-7所示。

坑底面的平整，先用铲刃尖在坑底扒拢后，再使铲斗底面水平后铲挖。

（4）挖掘岩石作业的操作

1）操作要领。使用铲斗挖掘岩石会对机器造成较大的损坏，应尽量避免。必须挖掘时，应根据岩石的裂纹走向调整挖掘机机体的位置，使铲斗能够顺利铲入进行挖掘；把斗齿插入岩石裂缝中，用铲斗杆和铲斗的挖掘力进行挖掘（应留心斗齿的滑脱）；未被碎裂的岩石应先破碎，然后再使用铲斗挖掘，如图 9-8 所示。

利用铲斗的刃口挖掘坚硬物料
(a)

利用回转力挖掘物料
(b)

利用行驶力量挖掘、推动或牵引
(c)

利用下落力粉碎物体
(d)

利用加宽的铲斗挖掘坚硬物料
(e)

超出推荐的挖掘机容量
(f)

图 9-8　岩石挖掘组图

2）注意事项。

① 避免扭转。过度扭转会损坏附属装置和挖掘机的回转系统。避免过度扭转的方法：a）不要用铲斗边刮硬物或提取硬物，b）不要用回转力卸物料。

② 行走力。不要利用行走力来进行挖掘、顶推或拖曳操作，因为这样会损坏附属装置、液压油缸和履带驱动。

③ 下落力。不要利用大臂和小臂的下落力来粉碎物体。这种捣碎动作会严重损坏整个机器。

④ 平衡重。确保吊装/承载的负荷不超过挖掘机的能力。过载会使机器过早磨损并损坏底盘。

⑤ 铲斗尺寸。不要用宽铲斗挖掘硬物。合成扭转力会损坏机器。使用过大的铲斗铲装重物会降低生产率，并且会损坏机器。

9.1.2　上下坡作业的操作

（1）操作要领

爬斜坡时，行驶中工作装置一定要位于后侧。当坡道泥泞打滑、挖掘机爬坡牵引力不足时，可利用工作装置辅助爬坡，辅助爬坡有正爬和倒爬两种方式。

1）正爬。将挖掘机停放在坡下，铲斗抓在坡面上，伸动铲斗油缸和斗杆油缸，使整机前进。在前进中若前桥抬起过高，可伸动臂油缸，使前轮贴在地面。为了增大牵引力，铲斗可以在坡面上抓深一些。前进中变换铲斗的支撑点时，必须将挖掘机制动死，以防其下滑。

2）倒爬。将挖掘机驶近土坡，旋转转台180°，用铲斗斗齿，收缩斗杆油缸，使挖掘机后退爬坡。若后部翘起，可收缩动臂油缸，使前部稍起，后部便自然落地。同样，在变换铲斗支撑点时，必须将挖掘机制动死。

爬陡坡时，行驶中要把工作装置伸向朝前，这样重心就移上坡的上方，增大了爬坡力。图9-9所示为爬坡操作。

上坡时，先要把铲斗勾在台上面，然后，同时进行行驶操作和工作装置操作，利用工作装置

图9-9　爬坡操作

的力往上爬，接近工作平台上面时，一面用工作装置支撑起车体，一面缓缓地着地。图9-10所示为上坡操作。

下坡时，首先把工作装置伸开，铲斗略高于地面，缓缓地向前移动，重心移至平台下则的方向后，车体倾斜，铲斗接地，这时用负荷操作，收进斗杆，提升大臂，一面支撑着车体一面继续前进。图9-11所示为下坡操作。

图 9-10 上坡操作

图 9-11 下坡操作

（2）注意事项

① 首先需要认识和了解坡的角度大小，按上坡中速，下坡低速，直线行驶，行驶中控制好动臂的高度来操作。

② 本操作是两脚同时轻踩下踏板，行驶机器进行上、下坡的操作。在操作中应注意调节好铲斗与坡面的距离。

③ 掌握正确的上、下坡动作要领，在实际操作中严格按照规范动作进行操作，安全作业。

9.1.3 装车作业的操作

（1）操作要领

① 作业开始前，应对大坝两边的不同车辆有所认识。按照先装小车后装大车的顺序来装载（见图 9-12）（尽量选用驾驶室模式）。装载过程中应注意做到：无论装大车还是小车都不能发生碰撞，动臂应放低，中臂和铲斗要稳开（稳收）卸料时不砸、不刮、不撒落车外（如果出现错误操作，画面会出现闪红、语言提示扣分）。操作时应注意：装小车，铲斗放低，把铲斗口调节至对车厢中间时，轻（慢）开铲斗卸料。

图 9-12 装车

在卸料过程中，应根据落料位置轻开或轻收，调节好中臂和铲斗的角度。

② 如果第一斗装不满车辆，在装第二斗时更要慢。因小车斗里装不下料时就突然开走，容易洒落车外。装大车时，把铲斗放低在车厢中间后位，开斗卸料时，铲斗任何部位不得触及车厢。开斗卸料，中臂向前伸，从后向前排序装载。挖掘时，机器前方工作面要清理干净，如有哪点清理不到，大车就可能被限制不能开走。大车离开时，两个操纵杆无动作。在左边下方"正手标志"出现后才能操作。在恢复动作准备倒车时，应收中臂，下降动臂，操纵左旋转90°或180°后再进行倒车，倒车至绿框不闪区域。继续按照以上装载的方法和次序，再进行小车和大车的装载，直到把大、小车辆全部装完，机器按停车标准姿势停放在停车区，结束本例的操作。

（2）注意事项

① 认识和掌握装载大车和小车的不同技巧，根据其不同点，熟练操作完成安全装载过程。

② 本例是将大坝的沙，按照先装小车后装大车的顺序完成装载任务。装载时，做到不碰擦和不撒漏。

③ 通过反复练习使学员熟练掌握操作手柄。结合之前掌握的操作技能，做到熟练操控操作手柄。

9.1.4　找平作业的操作

① 作业开始前，要知道找平的深度，把中臂和铲斗打开，动臂和中臂加角之间为130°左右，铲斗齿打开落低于中臂下边沿。从一边开始向另一边，一斗挨着一斗的"扇面"找法找平。在操作过程中，从斗齿沾沙，中臂一直是后拉，动臂根据找平的深度点提。用斗齿刮去上层的沙土，露出下面的平面，如图9-13所示。如果挖到下面的层次，就是找平过深（操作错误和挖沙过深，会

图9-13　用斗齿刮去上层的沙土

出现坑洼）。

在中臂收到垂直（动臂与中臂之间加角 90°）时，动臂应轻微下落，开铲斗，收二臂，收铲斗，在把斗里的沙甩向一边，如图 9-14 所示。机器前方找平的标准：平面上应不能出现大的和深的坑及过多和过大的沙丘。

图 9-14　动臂与中臂之间加角 90°

图 9-15　找平时动臂范围

② 当机器前方的找平达到标准时，收回中臂，放下动臂，按倒车提示和倒车标准开始第二阶段的找平训练，如图 9-15 所示。找平结束，把机器按照标准停放在停车区，结束操作。

9.1.5　刷坡作业的操作

（1）操作要领

① 作业开始前，参照已经挖好的开头沟型，挖掘出一条露出紫色坡面和紫色沟底的沟。（把挖掘出的土甩向沟的一边）开始挖掘，应从沟的一边线开始，向另一边挖掘。按照从边至里、从上至下的方法，做到有层次、有次序地挖掘。注意：在挖掘沟的两边时，铲斗入土要浅。有需要操纵左、右旋转配合的过程。在操作中，要保持沟的上口两边线不被严重破坏，最后找出沟底的平度和宽度。挖掘后坡面上和沟底应没有过多明显的余土及过多和过大的深坑。

② 在确定机器前部的沟和坡挖好认为不需要整理时，收回中臂，放低动臂，操纵左旋转 90°或右旋转 180°才能开始倒车。在倒车的同时，应注意机械不要行驶过远和过近，把第二段需要挖掘的

工作面留出来（保持二臂有效的发挥挖掘作用）。根据上一段的挖掘方法，进行下一阶段的挖掘，依次顺序操作完成挖沟刷坡的操作。最后机器按照标准停放姿势停在停车区。

（2）注意事项

① 在施工前掌握地形及相关数据，如上口宽度、深度、坡比、甩土距离、清坦平；考虑好操作时需要进行的步骤及操作方法。按要求和标准完成挖沟刷坡的任务。

② 根据画面里沟的开头样式，把沟内黄色的沙挖出。挖掘时，注意沟的上边线和坡面及沟底不能有严重的破坏。

③ 行车时，应首先确定周围环境是否符合行车要求，确定导向轮位置后操纵行走踏板或操作杆进行行驶。

④ 不进行行车操作时，脚不要踏在行走踏板上。

⑤ 在车辆准备后退时，观察坡度是否符合要求，以免再返工作业。

⑥ 根据挖沟时的注意事项，使学员在操作模拟课题时掌握住真机挖沟的技能技巧。

9.1.6　上下平板的操作

（1）操作要领

挖掘机在上板时：把铲斗底部平放于板车大梁处，大臂慢落同时慢开二臂（铲斗不能在板车上来回滑动），使机器前端掘起，然后收二臂行走（行走前一定要确定导向轮的前后位置），机器行走大约整个链板的 1/3 处，见图 9-16 链板的 1/3 处、图 9-17 支起机器后退。

图 9-16　链板的 1/3 处　　　　图 9-17　支起机器后退

抬起大臂旋转至机器另一端，慢落大臂及慢开二臂，将铲斗端平，支起机器使其成水平状态，然后行走机器（行走前一定要确定导向轮的前后位置）机器开二臂，使机器完全行走到板车上，收二臂、铲斗、落大臂到规范动作位置。见图9-18、图9-19。

图 9-18　平稳停到位

图 9-19　收好臂、铲斗

挖掘机在下板时：把铲斗底部平放在地面上，二臂打开到大约45°，机器向前行走（行走前一定要确定导向轮的前后位置）同时配合收二臂至链板剩1/3时，慢抬大臂、慢收二臂，使机器前端慢慢落到地面上；抬起大臂至机器另一端，把铲斗端平放到板车大梁处，然后机器行走（行走前一定要确定导向轮的前后位置）开二臂，使链板脱离板车（铲斗不能在板车上来回滑动），慢抬大臂、慢收二臂，使机器平稳落在地面上，完成挖掘机上下板车的操作。如图9-20、图9-21所示。

图 9-20　注意不协调

图 9-21　关闭安全锁完成上下板

（2）注意事项

① 机器在上下板车时，大臂、二臂操作动作不协调，会造成铲斗推铲路面和板车，损坏车辆与道路；也会造成在上下板时机器不稳，带来事故隐患，因此要求驾驶员要求熟练掌握上下板的动作操作要领。

② 机器在上下板时，如带动旋转，极易造成链板转出板车造成侧翻摔车，从而带来车辆的损坏和人员的伤亡，在操作时应特别注意。

③ 机器在旋转过程中，应仔细观察周围环境，是否有人员、车辆等障碍物，对机器的上、下、左、右环境做到心中有数，不碰、不刮、不砸，安全操作上下板车作业。

④ 机器在上下板车时的行走要特别注意，一定要在确定导向轮所在的前后位置以后再进行操作，否则会造成摔车等安全事故的发生，带来人员伤亡和经济损失。

以上介绍了液压挖掘机的基本操作，这些是基础中的基础，只有掌握了它，才能发挥出挖掘机的优越性能。

9.2 工地挖掘机操作作业

施工作业的基本形式主要有：挖土甩方操作、装车作业操作、整平作业操作、刷坡作业操作、破碎作业操作。

9.2.1 高效挖掘作业的操作

（1）高效挖掘的方法

当铲斗油缸和连杆、斗杆油缸和斗杆之间互成 90°时，挖掘力最大；铲斗斗齿和地面保持 30°时，挖掘力最佳，即切土阻力最小；用铲斗杆挖掘时，应保证铲斗杆角度范围在从前面 45°角到后面 30°之间。同时使用动臂和铲斗能提高挖掘效率。

当铲斗油缸和连杆、斗杆油缸和斗杆均为 90°时，每个油缸推动挖掘的力为最大，要有效地使用该角度以提高工作效率，如图 9-22 所示。

斗杆挖掘的范围：斗杆从远侧 45°至内侧 30°的角度，如图 9-23 所示。

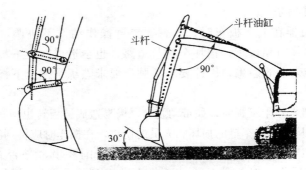

图 9-22　最有效的挖掘角度

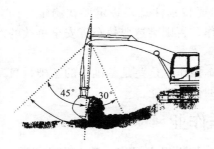

图 9-23　斗杆挖掘的范围

图 9-24　行程末端

随挖掘深度的变化，斗杆的挖掘范围会稍有差异，但大致在该范围内操作大臂及铲斗，而不应操作至油缸的行程末端，如图9-24所示。

（2）松软土质的挖掘方法

挖掘松软土质时，铲斗底板角宜设为 60°左右（这样比自由角度时约提高 20%的工作量），一面降下大臂，一面收斗杆，使铲刃的 2/3 插入地面，然后用铲斗进行挖掘，如图 9-25 所示。

（3）较硬土质的挖掘方法

挖掘砂质土天然地面时，把铲斗底板角设置为 30°左右见图 9-26（a）。收斗杆，使铲斗的 1/3 插入地面；一边进行动臂提升的微操作，一边使铲斗底板与地面保持 30°，水平收铲斗杆，见图 9-26（b）；根据泥土进入铲斗的状况，用铲斗掘进。见图 9-27（a）、（b）。

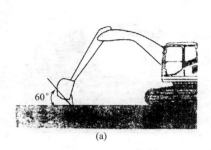

(a)   (b)

图 9-25　松软土质的挖掘方法

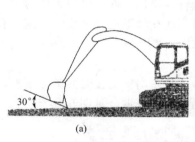

(a)   (b)

图 9-26　较硬土质下铲的方法

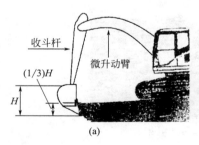

(a)   (b)

图 9-27　较硬土质挖掘的操作方法

（4）下方挖掘的方法

下方挖掘时，铲斗底板与斜面的角度设定在 30°以内，沿斜面一边提大臂、一边收斗杆，浅浅地进行铲削。见图 9-28。

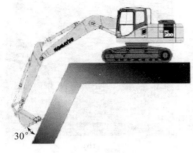

30°

图 9-28　底板与斜面的角度

图 9-29　注意塌方

铲刃碰到岩石而无法动作时，可保持收斗杆的状态，并提起铲斗撬挖，这时候，在加上提升大臂的操作，就可以用大臂的力，这样较易挖掘。此时必须注意的是不能在脚下挖掘过度，否则，有些土质松软的土地可能会塌方，见图 9-29。

（5）上方挖掘的方法

上方挖掘作业时，要把铲斗底板角与铲齿设置差不多垂直，保持该状态，然后收斗杆、下降动臂进行挖掘，见图 9-30。

图 9-30　上方挖掘作业

上方挖掘的挖掘顺序如图 9-31 所示，原则上按图中的①～④顺序挖掘。

①和②用斗杆力、铲斗力进行挖掘。这时不要用力猛推，以免挖掘机车体前方翘起（负荷解除时下落冲击力很大）。

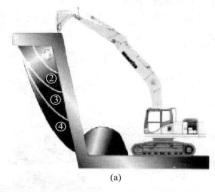
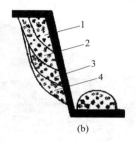

图 9-31 上方挖掘作业的挖掘顺序

③和④是用动臂推按（见图9-32），利用车体重量挖掘。这时，提升动臂操作要控制好，以免挖掘机车体过分翘起（见图9-33）。

图 9-32 动臂推按 　　　　　 图 9-33 以免过分翘起

9.2.2 挖土甩方作业

（1）操作要领

挖掘天然地面时，铲斗底板与作业面保持在30°左右，收斗杆的同时提升动臂进行挖掘。斗杆接近垂直时，斗杆力最大，能更多地承载负荷，但要控制好不能让斗杆溢流，也不能让车体前方翘起。开始挖掘时，不要把斗杆伸至最大作用范围，而要从其80%

左右开始挖掘，见图9-34。斗杆在最大作用范围时，斗杆的挖掘力最小，挖掘难以进行。另外，为便于挖掘、平整最前端的作业地段，斗杆作用范围要留有余地。

(a)

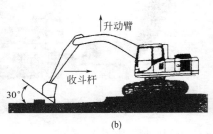

(b)

图 9-34　挖沟时的操作要领

挖掘比铲斗宽的沟渠时，要用回转力压住沟的侧面，一边压紧一边挖掘，见图9-35。

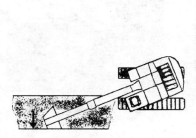

图 9-35　沟侧面的挖掘要领（俯视图）

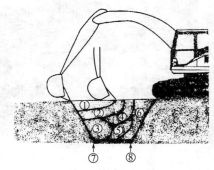

图 9-36　沟的挖掘顺序

① 挖掘顺序。沟的宽度与铲斗宽度相同时，此时的挖掘顺序如图 9-36 所示，①和②保持30°左右的铲斗角，浅浅地铲削。一次挖掘装不满铲斗时，不要回转排土，而要再挖一次装满铲斗。

铲斗角为90°左右时，一面挖远端的沟壁，一面挖进所定的深度并收斗杆。④、⑤、⑥是一边收斗杆，一边收动臂的力挖掘。沟底面要一面挖一面均匀平整，如果沟底高低不平，可用图中⑦的方法，用动臂、斗杆进行平整。⑥或⑦完成后，斗杆即已伸至最大作用范围，这时把车机后退少许，使铲刃尖能挖到⑧处，其后的挖掘要领与④～⑥相同，即用斗杆和动臂的力进行挖掘，如图9-37、图9-38所示。

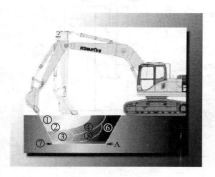

图9-37　沟的挖掘顺序①、②

图9-38　沟的挖掘顺序③

沟的宽度是斗宽1.5倍时，挖掘顺序如图9-39、图9-40所示。一开始把车体位置设定在可用斗杆向正前方挖掘的A部，通过回转按推挖掘B部。交替进行A和B部作业，一面挖一面使沟成形。

图9-39　沟的挖掘顺序A和B部作业

图9-40　沟的挖掘成形

② 挖掘后的排土。挖掘后回转排土，回转角45°左右，从前方开始顺次向两倍于沟宽的区域内排土。排土区域过宽影响复填的效率。排土时，采用回转与动臂提升、回转与动臂、斗杆、铲斗的复

合操作，不要停顿，要快速而匀滑动作，见图 9-41 所示。

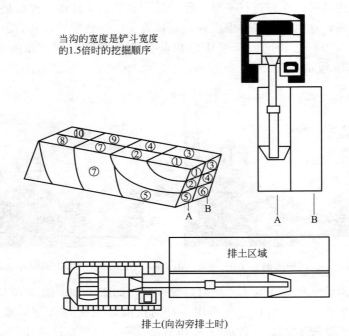

图 9-41 沟的宽度大于铲斗宽度时的挖掘顺序和挖沟时的排土

　　动臂提升量要控制在最小限度，即铲斗排土时不碰到土堆，这样可缩短循环周期，减少燃油消耗。

(2) 操作要求

　　先慢后快，动作标准规范，利用复合操作，在 1min 时间内，中速，挖甩 6～7 斗。

　　铲斗要满，端斗要平，取放沙土的行程要远。

9.2.3 挖沟作业

(1) 操作要领 （见图 9-42）

　　1) 作业开始前，首先认识和了解画面上所需要挖掘的形状和所要挖掘的位置，观察和掌握好机器的进、出路线（开始挖掘和收尾的退出）。提起动臂，收起中臂和铲斗后，动臂下降。把机器行

(a)

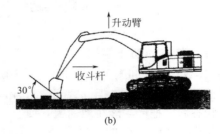

(b)

图 9-42　挖沟时的操作要领

驶到先要开始挖掘的地方；要求是把沟中间的沙挖去，挖出的沙甩向沟的一边。两边的缓冲区域，在操作不熟练挖掉少部分不影响，但绝对不能碰到外边的区域。

2）挖掘时，应从沟的一边开始向另一边和从上至下按次序有层次地挖掘，掌握和控制好几个角度的挖掘，挖掘时应注意掌握沟上口、沟下口的宽度和沟的深度标准。在确认机器前方的沟槽完全挖好后，再进行倒车，倒车前，收回中臂，操纵左旋转90°或右旋转180°，做出观看车后情况的姿势。注意：养成习惯，对上机操作起到很大的安全作用。倒车的同时，应注意为下一段需要挖掘的工作面留出中臂能够发挥挖掘的距离（预防机器倒车过远和过近，不利挖掘）。确定后旋转至挖掘点进行第二次挖掘。直到把整个沟槽挖完，机器开到停车区按停车标准姿势停放，操作结束。

3）在行走时应注意观察挖掘机，大臂、二臂及铲斗位置，使其保持在铲斗、二臂收起，大臂落下的状态。在以后上机行走时应该注意操作规范。

（2）操作要求

1）首先认识沟槽的形状及挖掘的方向、方法；操作时掌握和控制好沟槽的边线直度、深度和底的平度。

2）本课题是将可挖的黄色沙土，挖出甩放在槽外。根据课题要求熟练掌握完成本课题的操作。

3）掌握挖沟课题的操作技能及机器行走、卧放时的位置、注意事项。

4）掌握熟练灵活控制操作手柄的能力。

5）培养对周围环境观察的能力。

9.2.4 装载作业

（1）装车的动作要领

1）察看卸土车及取土位置，确定机器施工前的卧机位置；结合挖土的动作要领：把二臂完全打开，铲斗口与二臂臂杆基本成平行状态后，把铲斗落在地面上，回收二臂到与地面基本成垂直状态后停止，在收二臂的同时点抬大臂、点收铲斗，使铲斗挖满、端平，

图 9-43 装车作业

抬起大臂，使斗底脱离地面后旋转，旋转至车厢中间位置然后开铲斗、收二臂、抬大臂把土卸在车厢中间。注意：旋转过程中速度不要太快，做到不刮、不碰、不砸车辆。装车时应从中间往三边部位卸放或从前往后面卸放，不能撒漏，铲斗不要从驾驶室或人员身上旋转，如图 9-43 所示。

2）挖掘机机体应处于水平稳定位置，否则回转卸载难以准确控制，从而延长作业循环时间；挖掘机机体与卡车之间要保持适当的距离，防止做 180°回转时机体尾部与卡车相碰；尽量进行左回转装载；这样视野开阔、作业效率高，同时要正确掌握旋转角度，以减少用于回转的时间；卡车位置要比挖掘机低，以缩短动臂提升时间，且视野良好；先装砂土、碎石，再放置大石块，这样可以减少对车箱的撞击。

3）吊装作业时应确认吊装现场周围状况，使用高强度的吊钩和钢丝绳，吊装时要使用专用的吊装装置；作业方式应选择微操作模式，动作要缓慢平衡；吊绳长短适当，过长会使吊物摆动较大而难以准确控制；正确调整铲斗位置，防止钢丝绳滑脱；施工人员不要靠近吊装物，防止因操作不当发生危险。

4）翻斗车装载作业过程可分为 4 道工序：挖掘、动臂提升回转、排土、降下动臂回转。挖掘机装载翻斗车的方法主要有反铲装

载法和回转装载法两种。

① 反铲装载法。是挖掘机从高于翻斗车的地基上装车，如图9-44所示。此种方法效率较高，视野好，易装载。

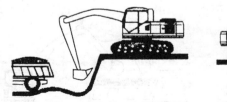

图 9-44　反铲装载法　　　　图 9-45　平台高度与翻斗车的位置

采用此法装载时，可通过设置平台高度与翻斗车车厢相同或略高，平台要平整、牢固。

翻斗车倒车时，注意铲斗的位置，到达易观察的位置后，挖掘机鸣喇叭示意停车，如图9-45所示。

② 回转装载法。挖掘机和翻斗车在同一水平的地基上装车，挖掘机的车体必须回转，如图9-46所示。这种方法的工作效率低于反铲装载法，只在现场条件受限制时使用。

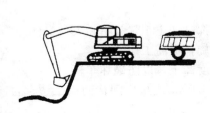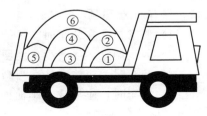

图 9-46　回转装载法　　　　图 9-47　回转装载时的装车顺序

在作业过程中，动臂提升回转时铲斗的升高量应适应90°回转中翻斗车的高度。左回转的视野较好，易装载。装载的顺序一般从车厢前部依①～⑥顺序装车，如图9-47所示。这样不仅便于装载还可确保视野。

装载时，挖掘机挖掘、铲土后，动臂举升、回转进行待机。其间翻斗车一边注意铲斗位置一边倒车，倒至铲斗能够到翻斗车最前部时,挖掘机按喇叭示意停车。翻斗车车身一般应于履带相垂直。确定翻斗车停泊位置时,最初不要把斗杆设定在最大展开位置,以能装入翻斗车的最前部为度,给挖掘机的斗杆伸展留有一定的余量,如图 9-48 所示。

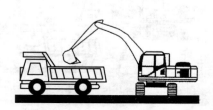 

图 9-48　回转装载时翻　　　　　图 9-49　回转装载时的操作方法
斗车的停泊位置

挖掘从斗杆最大的作用范围挖起,铲斗要取最佳挖掘角度匀滑作业。铲斗通过车厢侧板的同时,进行铲斗卸料操作,向中间排出。最后一次,用回转+动臂提升回转,排土采用伸展斗杆与铲斗的复合操作,把车厢内的土扒均匀,如图 9-49 所示。以回转+动臂下降+铲斗的复合操作,迅速复位至挖掘位置。

(2) 装车注意事项

1)要求铲斗在装车时,不能挥过卸土车驾驶室和人员身体。

2)因地制宜,尽量小角度回旋,提高工作效率。

3)卸车时,应注意从适当高度卸土,以防砸坏车辆。

4)装车时,应从载上车前面开始,或从中间往两面三边部位卸装,应均匀装填。

9.2.5　找平作业

(1) 找平作业要领

1)找平又叫整平,在一块准备整平的地块上,先目测地面两端的高低度,然后先从地面高的一端找准高程点,向低洼的一端依次找平,最后把高出高程点的土挖去,填平在低洼的地方,目测平整后,挖掘机落大臂,开二臂,开到与大臂夹角 45°左右,不要开完;将铲斗打开,使铲斗口与二臂臂杆基本成水平状态;把铲斗落到地面收二臂，抬大臂，把土向后拉；机器旋转依次按顺序一斗挨着一斗地进行找平。最后目测平整，视具体地形情况协调操作大臂、二臂及铲斗，完成找平工作。机器行驶至工作场地，应先将机器卧放平稳，如机器不稳应取土将机器垫放平稳，如果在找平作业时机器卧放不稳，大臂在下落过程中会造成机器前后颤动，无法掌握铲齿入土深度，影响找平效果及速度。学员应根据动作要领规范操作，认真观察地表平整度，确定找平基准点，按顺序依次进行找平，操作时应一次到位，不能来回反复梳理，应将二臂行程完全打开，进行扇面找平，扩大工作面积，提高工作效率。

2）找平作业有两种方法：用铲刃尖找平作业和用铲斗底面找平作业。

①用铲刃尖找平作业。用铲刃尖在地面上水平移动找平土、石的作业。为保持铲刃尖水平移动，操作时需要同时操作大臂和斗杆，如图9-50所示。

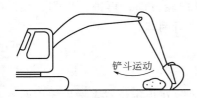

图9-50 用铲刃尖的找平作业

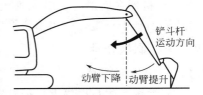

图9-51 用铲刃尖找平作业

具体操作：先伸展斗杆，降下动臂，使铲刃尖与地面垂直。在斗杆成垂直位置前，一面向近身一侧收斗杆，一面一点一点地提升动臂。斗杆越过垂直位置后，一点一点地降下动臂，如图9-51所示。

②用铲斗底面找平作业。用铲斗底面在地面上水平移动找平土、石的作业，如图9-52所示，为保持铲斗底面水平移动，操作时需要同时操作动臂、铲斗杆和铲斗。

具体操作：先伸展铲斗杆，降下动臂，使铲斗底面与地面成水平，然后向近身侧收铲斗杆。当铲斗杆在达到垂直位置之前，再收铲斗杆的同时一点一点地提升动臂，以保持铲斗底面水平移动。当铲斗杆位置越过垂直位置后，在收铲斗杆的同时一点一点地降下动臂，且铲斗要一点一点地复位，如图 9-53 所示。

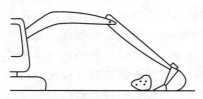

图 9-52　用铲斗底面的找平作业　　　图 9-53　用铲斗底面找平作业操作

铲斗底面的找平作业也适用于农田整地作业。

（2）操作时的注意事项

① 在找平作业前先察看地形、地貌，根据要求确定找平高度。

② 从一方开始依次向另一方向进行扇面找平。

③ 机器应卧放平稳，保证在操作时不颤动。

④ 机器在后退时，应先确定导向轮方向，再进行操作；如后面地形不利于行走，应用土垫平后进行倒车。

9.2.6　刷坡作业

（1）刷坡作业要领

根据挖沟的数据要求，把机器卧放在指定位置，然后先由两侧沟口按层次下挖到数据深度，把余土挖走；按具体坡度工程数据要求进行刷坡，铲斗口与二臂成水平状态，从上口开始作业，落大臂、收二臂，依次下刷；如刷左边坡那么就带动左边旋转，反之带动右边旋转。根据坡度数据要求由上至下到沟底角，最后清除沟底废土并找平沟底，以此类推按长度数据挖沟、刷坡，如图 9-54 所示。

进行平面修整时应将挖掘机机体平放在地面上，防止机体摇动，要把握动臂与斗杆之间动作的协调性，控制两者的速度对平面修整至关重要。

工作面平整应使用平刃铲斗。如果工作面是填土，用铲斗底对地面稍加推压，一面保持一定的铲斗角度，一面提升动臂收斗杆，如图 9-55 所示。

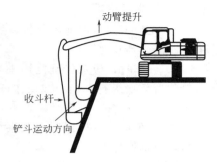

图 9-54　进行刷坡

图 9-55　由填土形成的
工作面的修整操作

　　如果工作面是天然地面，平整时用铲刃浅浅地掘削，如图
9-56所示。如果工作面在挖掘机的上方，应使铲斗底部的角度与
工作面的坡度一致，然后一面保持铲斗角 0°，一面降动臂收斗
杆，用铲斗刃尖铲削。铲斗角过大时，刃尖会切入工作面，使铲
削过度，因此，保持好铲斗角度很重要。如果来不及修正铲斗角
时，可暂时停止动臂、斗杆的动作，修正好角度后再继续作业，如
图9-57所示。

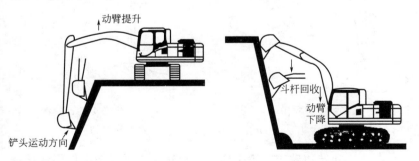

图 9-56　天然地面工作面的平整

图 9-57　工作面在挖掘机
上方时的平整操作

　　粗略平整时，斗杆操作杆使用全行程时，作业速度快；精平整
时，则用 50%的行程；细平整时，应使发动机转速控制在全速的

50％～70％进行超微操作。

（2）刷坡注意事项

① 在施工前掌握地形及相关数据，如上口宽度、深度、坡比、甩土距离、清坦平。

② 行车时，应首先确定周围环境是否符合行车要求，确定导向轮位置后操纵行车踏板或操作杆进行行驶。

③ 不进行行车操作时，脚不要踏在行走踏板上。

④ 在车辆准备后退时，观察坡度是否复合要求，以免机器后退后，再返回作业。

9.2.7　破碎作业

（1）破碎的作业要领

先把锤斗垂直放在待破碎的物体上。开始破碎作业时，抬起前部车体大约5cm，破碎时，破碎头要一直压在破碎物上，破碎物被破碎后应立即停止破碎操作。破碎时，振动会使锤头垂直于破碎物体，如图9-58所示。

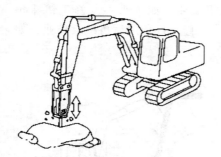

图 9-58　破碎作业

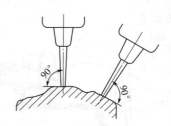

图 9-59　将锤头垂直放在
要破碎的物体上

严禁边回转边破碎、锤头插入后扭转、水平或向上使用液压锤和将液压锤当凿子用。

① 首先，把破碎头垂直放在要破碎的物体上，如图9-59所示。

② 当开始破碎作业时，把前车体抬起大约5cm，但不要抬起

过高，如图 9-60 所示。

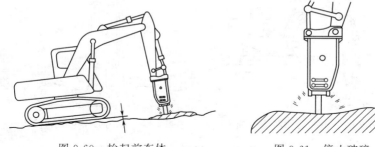

图 9-60 抬起前车体   图 9-61 停止破碎

③ 锤头要一直压在破碎物上。当破碎物没有被破碎时，不要操作锤头。当破碎物碎了，应马上停止破碎，如图 9-61 所示。

④ 锤头破碎方向和破碎器自己的方向将逐渐改变而不在一条直线上，所以应一直调整铲斗油缸保证两者在一条直线上，如图 9-62 所示。

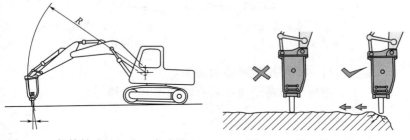

图 9-62 保持铲斗油缸在一条直线上   图 9-63 从边缘开始破碎

⑤ 当锤头打不进破碎物时，应改变破碎位置。在一个地方持续破碎不要超过 1min，否则不仅锤头会损坏，而且油温会异常升高。对于坚硬的物体，从边缘开始破碎，如图 9-63 所示。

（2）破碎作业的注意事项

1）不要边回转边碰撞，如图 9-64 所示。

2）拔出时，不要移动锤头，如图 9-65 所示。

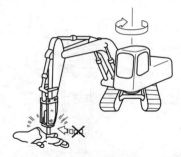

图 9-64　不要边回转边碰撞

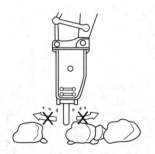

图 9-65　拔出时不要移动锤头

3）不要在水平方向或向上的方向使用锤头，如图 9-66 所示。

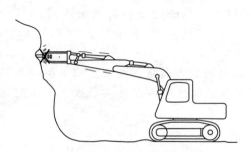

图 9-66　不要在水平或向
上方向使用锤头

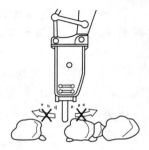

图 9-67　插入后不要
扭转或撬动锤头

4）插入后，不要扭转或撬动锤头，如图 9-67 所示。

5）不要把锤头当凿子撞击岩石，如图 9-68 所示。

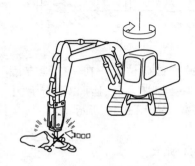

图 9-68　不要把锤头当凿子

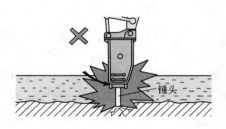

图 9-69　要确保只有锤头在水中

6）在水中作业时，应确保只有锤头在水中。当水深超过锤头，应使用特殊规格的水下破碎器，如图 9-69 所示。

9.2.8　节省燃料的作业要点

作为职业驾驶人员，在操作挖掘机时，尽量节约燃料是非常重要的。

第一，不进行不必要的怠速运转。长时间的怠速，完全是浪费燃油，不工作时没有必要开着发动机，更不要说离开驾驶座了，怠速或休息时，应注意关闭发动机，不要怠速运转。图 9-70 为不进行长时间的怠速。

触电降速开关

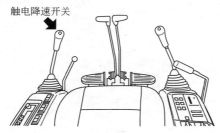

图 9-70　不进行长时间的怠速

第二，负荷太大时，不要强行作业，工作装置的负荷过大时，不管怎么拉操作杆，机器上的负荷都会很大，从而白白浪费了不必要的燃料，发生液压溢流时，会出现高亢的声音，一听就知道。负荷太大发生溢流时，不要勉强操作，而是要注意减少负荷，尽量避免溢流。

第 **4** 篇
挖掘机维护保养
与故障排除

第10章
挖掘机维护与保养

在挖掘机的使用和保管过程中，由于机件磨损、自然腐蚀和老化等原因，其技术性能将逐渐变坏，因此，必须及时进行保养和修理。挖掘机保养的目的是恢复挖掘机的正常技术状态，保持良好的使用性能和可靠性，延长使用寿命；减少油料和器材消耗；防止事故，保证行驶和作业安全，提高经济效益和社会效益。

10.1 挖掘机维护保养的主要内容

挖掘机保养有许多内容，按其作业性质区分，主要工作有清洁、检查、紧固、调整和润滑等，如图10-1和表10-1所示。

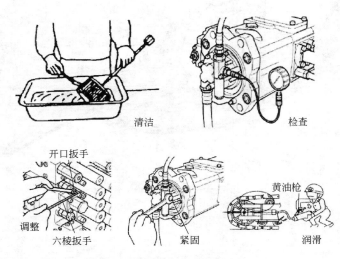

图 10-1　挖掘机维护保养内容

表 10-1　挖掘机维护保养的主要内容

项目	内　　容	要　　求
清洁	清洁工作是提高保养质量、减轻机件磨损和降低油、材料消耗的基础,并为检查、紧固、调整和润滑做好准备	车容整洁,发动机及各总成部件和随车工具无污垢,各滤清器工作正常,液压油、机油无污染,各管路畅通无阻
检查	检查是通过检视、测量、试验和其他方法,来确定各总成、部件技术性能是否正常,工作是否可靠,机件有无变异和损坏,为正确使用、保管和维修提供可靠依据	发动机和各总成、部件状态正常。机件齐全可靠,各连接、紧固件完好
紧固	由于挖掘机运行工作中的颠簸、振动、机件热胀冷缩等原因。各紧固件的紧固程度会发生变化,甚至松动、损坏和丢失	各紧固件必须齐全无损坏,安装牢靠,紧固程度符合要求
调整	调整工作是恢复挖掘机良好技术性能和确保正常配合间隙的重要工作。调整工作的好坏直接影响挖掘机的经济性和可靠性。所以,调整工作必须根据实际情况及时进行	熟悉各部件调整的技术要求,按照调整的方法、步骤,认真细致地进行调整
润滑	润滑工作是延长挖掘机使用寿命的重要工作,主要包括发动机、齿轮箱、液压油缸、制动油缸,以及传动部件关节等	按照不同地区和季节,正确选择润滑剂品种,加注的油品和工具应清洁,加油口和油嘴应擦拭干净,加注量应符合要求

10.2　维护保养的周期

　　由于挖掘机各总成的结构、负荷、材料强度,工作条件和使用情况的不同,磨损、损坏的程度与技术状况的变化以及需要保养的时间也不同,只有用合理的计量来正确反映挖掘机维护保养周期,才不至于保养次数过多或过少,造成浪费或事故性的损坏。

　　目前,挖掘机常用的维护保养周期的计量方法,主要以每台挖掘机工作小时计量保养周期。即通常称为工作多少"台时"。另外,还要特别注意特殊工作环境下,做出特殊性的维护保养要求。维护保养台时周期表见表 10-2。

表 10-2　维护保养台时周期表

每台启动前或收工后	50h	100h	250h
1000h	2000h	新机 50h	特殊环境

10.2.1 每天启动前维修保养项目

(1) 维修保养项目（见表 10-3）

表 10-3 维修保养项目

检查项目	检查内容	检查项目	检查内容
燃油箱	检查、补加	操纵杆及先导手柄	检查、加油
液压油面	检查、加油	柴油预滤器及双联精滤	检查、放水
发动机机油油面	检查、加油	风扇传动带张力	检查、调整
冷却液液面	检查、补加	空气滤清器	检查、清洁
仪表板和指示灯	检查、清洗	各润滑点	加润滑脂

(2) 每日或每间隔 10h 维修保养内容（见表 10-4）

表 10-4 每日或每间隔 10h 维修保养内容

检查项目	检查内容	检查项目	检查内容
燃油箱	排放	各销轴及轴套 ·动臂油缸上下连接销轴 ·动臂油缸上下端 ·斗杆油缸上下连接销轴 ·斗杆油缸上下端 ·挖斗油缸上下连接销轴 ·挖斗油缸上下端 ·动臂与转台连接部 ·动臂与斗杆连接部 ·斗杆与挖斗、摇臂连接部 ·连杆与挖斗连接部	检查、加油
履带张紧	检查、调整		
回转支承	检查、加油		
回转减速机油	检查、加油		
空气滤清器	检查、清洁		
蓄电池及电瓶液	检查、添加		

10.2.2 每间隔 50h 维修保养

(1) 新机器工作 50h 的维修保养（见表 10-5）

表 10-5 新机器工作 50h 的维修保养

检查项目	检查内容	检查项目	检查内容
发动机机油	更换	燃耗同滤清器滤芯	更换
发动机油滤清器滤芯	更换	螺栓和螺母 ·驱动轮固定螺栓 ·行走、回转马达固定螺栓 ·支重轮、托链轮固定螺栓 ·发动机固定螺栓 ·配重固定螺栓	检查、紧固
先导油滤清器滤芯	更换		
液压油回油滤清器滤芯	更换		
液压油出油滤清器滤芯	更换		

以上项目仅适用于新机器，以后按正常间隔周期进行维修保养。

（2）每间隔50h维修保养内容（见表10-6）

表10-6 每间隔50h的维护保养项目及内容

检查项目	检查内容	检查项目	检查内容
液压油回油滤清器滤芯	更换	先导油滤清器滤芯	更换
液压油出油滤清器滤芯	更换	动臂油缸上下端	
燃油箱	排放	斗杆油缸上下连接销轴	
腹带张紧	检查、调整	斗杆油缸上下端	
回转支承	检查、加油	铲斗油缸上下连接销轴	
回转减速机油	检查、加油	铲斗油缸上下端	检查、加油
空气滤清器	检查、清洁	动臂与转台连接部	
蓄电池及电解液	检查、补加	动臂与斗杆连接部	
各销轴及轴套 动臂油缸上下连接销轴	检查、加油	斗杆与铲斗、摇臂连接部 连杆与铲斗连接部	

注：连续使用液压破碎锤时才更换上述滤芯。

10.2.3 每间隔100h的维护保养

每间隔100h的维护保养项目及内容见表10-7。

表10-7 每间隔100h的维护保养项目及内容

检查项目	检查内容	检查项目	检查内容
散热器及冷却器	检查、清洁	行走减速机油	检查、加油
燃油滤清器滤芯	更换	行走减速机油	更换

注：连续使用液压破碎锤时才更换上述滤芯。

10.2.4 每间隔250h维修保养内容

每间隔250h维修保养内容见表10-8。

表10-8 每间隔250h维修保养内容

检查项目	检查内容	检查项目	检查内容
发动机机油	更换	螺栓和螺母：	
发动机油滤清器滤芯	更换	· 驱动轮固定螺栓	
液压油回油滤清器滤芯	更换	· 行走、回转马达固定螺栓	
液压油出油滤清器滤芯	更换	· 支承轮、托链轮固定螺栓 · 履带板固定螺栓	
先导油滤清器滤芯	更换	· 回转支承固定螺栓 · 发动机固定螺栓	检查、紧固
空滤器内外滤芯	更换	· 主泵固定螺栓 · 中心回转体固定螺栓	
回转减速机油	更换	· 配重固定螺栓	

注：如果燃油含硫大小0.5%或用于低级发动机油，应该缩短维修保养。最初的500h后要换油。

10.2.5 每间隔500h维修保养内容

每间隔500h维修保养内容见表10-9。

表10-9 每间隔500h维修保养内容

检查项目	检查内容	检查项目	检查内容
散热器及冷却器	检查、清洁	行走减速机油	检查、加油
燃油滤清器滤芯	更换	行走减速机油	更换

10.2.6 每间隔1000h维修保养内容

每间隔1000h的维修保养内容见表10-10。

表10-10 每间隔1000h的维修保养内容

检查项目	检查内容
回转减速机油	更换
行走减速机油	更换
回转支承及回转齿圈润滑油脂	更换

10.2.7 特殊情况下的维修保养

(1) 需要时无论何时机器有问题,都应该对有关的项目进行维护

特殊情况下的维修保养项目见表10-11。

表10-11 特殊情况下的维修保养项目

检查项目	检查内容	检查项目	检查内容
燃油系统		液压系统	
·燃油箱	排放或清洗	·液压油	加油或换油
·柴油预滤器	排放或更换	·液压油回油过滤器滤芯	更换
·双联精滤	排放或更换	·液压油出油过滤器滤芯	更换
		·先导油过滤器滤芯	更换
发动机润滑系统			
·发动机机油	换油	底盘	
·发动机油过滤器	更换	·履带张紧	检查、调整
发动机冷却系统		挖斗	
·冷却液	补加或更换	·斗齿	更换
·散热器	清洁散热器片	·侧齿	更换
发动机进气系统		·连杆	调整
·空气滤清器	更换	·挖斗总成	更换

（2）特殊情况下的维修保养要求

在特殊工作环境下作业，除进行正常维修保养外，还必须加以特殊的维修保养，见表10-12。

表 10-12　特殊情况下工作环境的维修保养要求

工作环境	特殊维修保养
泥水、雨雪	作业前,检查各接头、螺塞的松紧度,作业后,冲洗车体,及时拧紧松动或脱落的螺栓、螺母,及时加注机油
海边	作业前,检查各接头、螺塞的松紧度,作业后,严格冲洗机体,清除盐分,容易生锈的部位更要擦洗干净,防止腐蚀
多灰尘	空气滤清器:每日清理; 燃油:燃油系统各滤芯每日清洗; 散热器:清洁散热器叶片; 液压油缸:清洁防尘圈、活塞杆
多岩石	履带:检查履带及轨链节,及时拧紧松动的螺栓、螺母,履带张紧力较平常微松动。 履带架:检查支承轮、张紧轮、驱动轮的安装螺栓并及时拧紧
严冬	燃油、机油按规定选用冬季用油,蓄电池完全充电,防止电解液冻结

10.3　维护的方法

10.3.1　发动机维护项目的检查方法

（1）发动机机油的检查方法

1) 检查发动机油底壳机油油位的方法	打开发动机上罩板,抽出量油尺并擦干净,然后将量油尺完全插入管中,再取出后测量油位应该在标记 H 和 L 之间	 测量油位
	若油位低于 L 标记,通过注油口 F 加入发动机机油;若油位高于 H 标记,通过放油阀放掉部分发动机油,并再次检查油位	 机油尺油位高低标记

	应等发动机冷却下来后再更换发动机机油,重新注油量:22.5L,在机器底部放置一容器,缓慢松开排放阀,并检查排出的油是否有过多的金属颗粒或杂质	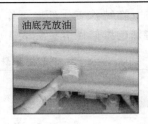 油底壳放油
1)检查发动机油底壳机油油位的方法	在发动机工作后检查其油位时,应等停机 15min 以后再行检查;若机器停放倾斜,则应将其放置水平后再检查	 油位检查(加机油后)  发动机机油牌号:15W40
2)更换机油滤芯的方法	打开发动机罩盖,用滤芯扳手顺时针转动并拆下机油滤芯,清洗滤芯支架	 更换机油滤芯
	向机油滤芯内加满机油,把滤芯油封周圈涂抹机油	

2)更换机油滤芯的方法	向机油滤芯内加满机油,把滤芯油封周圈涂抹机油	
	在更换滤芯之后,关闭排放阀,通过加油口加入发动机油,使油位到达量油尺上的 H 和 L 标记之间	发动机机油牌号:15W40

(2)发动机柴油的检查方法

1)燃油箱中排出水的方法	从燃油箱中排出水和沉积物	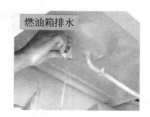燃油箱排水
	打开油箱底的排放阀,排出油箱底部的杂物和水,有清洁燃油流出时,再关闭排放阀	

1)燃油箱中排出水的方法	在每天启动发动机之前要放掉燃油箱中的水和沉积物	 防止O形圈因燃油的浸泡而膨胀  如果滤芯损坏，请立即更换
2)检查油水分离器中的水和沉淀物的方法	油水分离器分离混在油中的水。若浮标达到或超过红线,按下面的方法放水: 松开放水螺塞并放出积聚的水,直至浮标降到底部,然后拧紧放水螺塞。 放水后空气被吸入燃油管路中,一定要按照与更换燃油滤芯的同样方法排气	
3)清洗或更换柴油滤油器的方法	用滤芯扳手顺时针转动并拆下燃油滤芯,清洗滤油器支架,用干净的燃油充满新的滤芯,并用发动机机油涂抹接合表面,然后将滤芯安装在滤油器支架上,拧紧应恰当	 

3)清洗或更换柴油滤油器的方法	更换滤芯之后,按照下列过程排气:油箱加满燃油→松开排气螺塞→使用手油泵②泵油50~60次,直至不再有气泡从螺塞处冒出为止→拧紧排气螺塞	

（3）发动机冷却系的检查

1)检查冷却液液位的方法	要等发动机冷却后在散热器(水箱)处按图的顺序检查冷却液液位	

	要等发动机冷却后在散热器(水箱)处按图的顺序检查冷却液液位	
1)检查冷却液液位的方法	打开机器左后侧的门,检查副水箱冷却液液位是否在 H(满)和 L(低)标示线之间	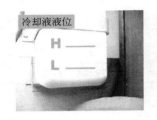
	如果液面低于下标线 L,通过副水箱注水口加注冷却液至上标线 H 位置,然后盖紧盖子 如果副水箱已空,应首先检查冷却液是否泄漏,然后将加满水箱和副水箱	
2)检查风扇皮带的方法	在发电机带轮和风扇带轮的中间部位,当用手指施加约 6kg 的力时,传动带正常偏离 5～6mm	

	需要调整时,拧松螺母⑤①和螺栓②③,转动调整螺栓③使张紧轮④移动,直到按压 A 部位时传动带挠曲度为 5 ～ 6mm（约6kg）;拧紧螺母⑤①和螺栓②③,以固定张紧轮④	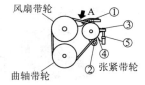
2)检查风扇皮带的方法	检查皮带和带轮槽是否异常磨损,正常情况下皮带不应触及槽底部;若皮带拉长到不能再调整或被割破时,应更换皮带	
	在更换皮带后,操作机器 1h,然后再调整皮带张紧力	
（4）发动机进气系统的检查		
空气滤清器滤芯的检查方法	检查空气滤清器堵塞监测灯是否闪烁;如果监测灯闪烁,应立即清洗或更换滤芯	
	清洗或更换滤芯	

10.3.2 液压系统维护项目的检查方法

(1)液压系统更换液压油及滤芯(见图10-2)

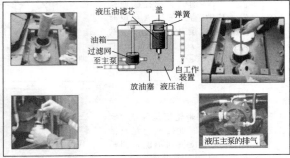

图 10-2 液压滤芯更换项目

1)液压油位的检查	启动发动机,将工作装置放置于图示位置状态 在停机后15s之内,在各方向上全行程移动每个操纵手柄以释放液压系统内部压力	
	查看油标G,如果油位在H和L标记之间即为正常; 如果油位在H标记以上时,应停机并等液压油冷却后从排放塞P排出多余的油; 如果油位在L标记以下,拆下液压油箱上盖,并通过注油口F加油	 正常液面位置应在两刻线之间
2)液压油回油滤的更换方法	把机器的回转体与履带方向垂直,液压油缸全部收回到底	 回转体与履带方向垂直

	缓慢旋转并打开加油口盖,以释放液压油箱内部压力逐渐松开螺栓	
2)液压油回油滤的更换方法	拆下盖板,取出弹簧、阀、滤芯,用柴油清洗弹簧、阀,安装新滤芯,在滤芯顶部装上阀和弹簧,安装盖板并用螺栓紧固,同时旋紧加油口盖	
	更换完滤芯等 5min 以后再操作机器,以消除油中的气泡,当装有液压破碎器时,液压油滤芯的更换周期应缩短	
3)液压油滤清器滤芯的更换方法	缓慢旋转并拆下液压油箱上的加油口盖 F(释放其内部压力),用新的滤芯更换盖子内侧的旧件	

	缓慢旋转并拆下液压油箱上的加油口盖 F(释放其内部压力),用新的滤芯更换盖子内侧的旧件	
3)液压油滤清器滤芯的更换方法	缓慢旋转并拆下液压油箱上的加油口盖,以释放内部压力,松开螺栓,拆下上盖,拉出杆并拆下弹簧和滤网,用干净的柴油清洗滤网(如果滤网已损坏则更换新的); 重新安装滤网,将它插入油箱内的凸出部分中,用螺栓装上上盖	 
4)先导滤芯的更换方法	拧下先导滤芯更换新先导滤芯。如右图所示	 

	在更换液压油或滤芯之后,应按照下列步骤从回路中排气	
5)液压泵排气的方法步骤	从泵中排气:松开排气塞,检查是否有油从排气塞处渗出,如果没有油渗出,则拆下主泵泄油软管并从排油孔加液压油到充满为止;将排气塞拧紧,再安装泄油软管	液压主泵的排气
	从油缸中排气:启动发动机在低怠速下运转,半行程伸缩每个油缸4~5次,再操作每个油缸到行程末端4~5次,以便完全排气(在发动机就在高速运转下,油缸内部的空气就会对活塞杆的密封或其他零件造成破坏) 排气作业完成之后,应关闭发动机停留5min以后再开始操作(气泡可从液压油箱的油中消失)	36mm外六方螺塞
6)回转马达排气的方法步骤	从回转马达中排气:低怠速运转发动机约5min,然后松开排油螺塞确认有油流出(此时不要操作回转);若没有油流出,从排油螺塞处注油至充满壳体,再拧紧螺塞	回转马达的排气 

7)行走马达排气的方法步骤	从行走马达中排气:低怠速运转发动机约 5min,然后松开排油螺塞确认有油流出(此时不要操作行走);若没有油流出,从排油螺塞处注油至充满壳体,再拧紧螺塞	行走马达的排气
(2)齿轮油的维护		
1)回转齿轮油的更换方法	检查回转机构箱油位,首先取下量油尺 G 并用棉纱擦去尺上的油,然后将量油尺 G 完全插入导套内	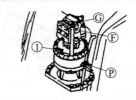
	拉出量油尺 G,油位应在 H 和 L 标记之间	检查回转机构油位油位在L~H之间
	如果油位低于 L 标记线,通过加油口 F 加注机油(注油时应拆下放气塞①) 如果油位超过 H 标记线,松开放油阀排掉多余的机油	

1)回转齿轮油的更换方法	应等机油冷却后再进行该项检查,在检查油位或加油之后,将量油尺牢固插入并拧紧放气塞	
2)检查终传动箱内齿轮油位的方法	应等齿轮油冷却后缓慢松动螺塞,以释放内部压力,将 TOP 标记置于上部,使 TOP 标记经螺塞 P 垂直于地面	
	拆下螺塞 F 当油位达到螺塞孔底部以下 10mm 时,则油量适当。 如果油位太低,通过加油口 E 加入齿轮油,直至油从 F 口溢出为止。 检查完毕,安装螺塞 F、E 拧紧,紧固力矩	

10.3.3 履带张紧度的检查

检查和调整履带张紧度	如果履带张紧度没有达到标准值,应按下列方法调节	
	需要增加张紧度时,用黄油枪将油脂泵入黄油嘴,然后向前或向后移动机器,检查履带张紧度是否合适	

检查和调整履带张紧度	需要放松张紧度时,逐渐松开螺塞释放内部油脂(最多转动螺塞一圈),如果油脂不溢出,则前后短距离移动机器即可溢出,拧紧螺塞检查履带张紧度是否合适,如果张紧度仍不合适请再次调节	泥泞路面：340～380mm

10.3.4　全机的润滑

全机的润滑脂(黄油)润滑点	旋转润滑脂(黄油)润滑点	
	分油器润滑点	配备黄油管的中心接头需要加注润滑脂(黄油)
	大臂、小臂和铲斗的润滑点	

全机的润滑脂（黄油）润滑点	采用润滑脂（黄油）可以减小运动表面的磨损和噪声出现； 润滑脂存放保管时，不能混入灰尘、砂粒、水分及其他杂质； 推荐选用 2 号锂基型润滑脂，抗磨性能好，适用重载工况 加注时要尽量将旧油全部挤出并擦干净，防止沙土黏附： 绿色部分：国外要求 500～1000h 加注润滑脂 黄色部分：国外要求间隔 10h	 工作装置润滑点
	铲斗轴销的润滑点	

10.3.5 蓄电池的检查

蓄电池的检查方法	打开蓄电池盖板，拆下蓄电池盖，电解液是否在规定的液位上	
	如果电解液位较低，应加蒸馏水至规定液位；如果电解液被大量溅出，应加入稀硫酸	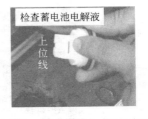

10.3.6 铲斗间隙的调节方法

调节铲斗间隙	将工作装置置于右图所示状态,停机并将锁紧手柄锁紧,移开连杆的 O 形圈①并使用塞尺测量晃动量 a(如果将铲斗靠一侧使间隙集中一处,晃动量就很容易测量),松开固定的 4 个螺栓②并拆下板③(不必完全拆下螺栓),拆下相当于上面测量的晃动量厚度的调整垫片④,当间隙 a 小于一个垫片厚度时,不要进行任何调整,拧紧 4 个螺栓②调整完毕,间隙标准 a ≤1mm。 更换铲斗过程应注意的事项: (1)用锤子敲击销轴时,金属屑可能会飞入眼中,造成严重伤害。当进行这种操作时,要始终带上护目镜、安全帽、手套及其他防护用品。 (2)卸下铲斗时,要把铲斗稳定地放好。 (3)用力打击销轴,销轴可能会飞出并伤害周围的人员。因此,在打击销轴之前,应确保周围人员的安全。 (4)拆卸销轴时,要特别注意不要站在铲斗下面,也不要把脚或身体的任何部位放在铲斗的下面;拆下或安装销轴时,注意不要碰伤手。 (5)对正孔时,不要把手指放入销孔。 (6)更换铲斗前,要把机器停在坚实平整的地面上。进行连接工作时,为安全起见,与进行连接工作的有关人员之间,要彼此弄清信号并仔细工作

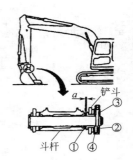

10.3.7 挖掘机长期存放的注意事项

长 期 存 放 的 方法	机器长期存放时,为防止油缸活塞杆生锈,应把工作装置按图示姿势放置,整机洗净并干燥后存放在室内干燥的环境中;条件所限只能室外存放时,应把机器停放在排水良好的水泥地面上。 存放前加满燃油箱,润滑各部位,更换液压油和机油,油缸活塞杆外露的金属表面涂一薄层润滑脂,拆下蓄电池的负极接线端子,或将蓄电池卸下单独存放,根据最低环境温度在冷却水中加入适当比例防冻液,每月起发动机一次并操作机器,以便润滑各运动部件,同时给蓄电池充电;打开空调致冷运转 5~10min

第11章
驾驶操作常见故障

11.1 故障的判断方法

挖掘机在使用过程中，由于多种因素的影响，机构和零部件会产生不同程度的自然松动和磨损，以及积物结垢和机械损坏，从而使机械的技术性能变差。如不及时对其进行必要的技术保养，不仅使机械的动力性和经济性变坏，甚至还会发生严重的机件损坏和其他事故，给国家、他人和操作者带来损失及危害。为了使机械始终保持完好的技术状况，做到安全、迅速地完成作业任务，杜绝重大事故发生，挖掘机驾驶员以及相关人员必须懂得和掌握挖掘机的维护保养及一般常见故障的排除。

挖掘机随着使用时间的不断增加，各运动零件会发生正常的自然磨损，在使用保养不当时会引起严重的不正常磨损，以致零件的正常配合关系遭到破坏。另外，零件的变形、腐蚀、紧固件的松动以及有关部位调整不正确，这些都会破坏机械原有技术状态。当技术状态恶化到一定程度后，便会出现某种程度的反常现象或使部分零件失去工作能力，使机械不能继续工作，此种现象称为机械故障。

当机械发生故障后，通过分析、判断以及采取必要的方法找出故障发生的部位及原因，并予以排除，迅速恢复完好的技术状况，称为故障排除。

随着最新挖掘机智能化的发展，应逐渐改变过去传统故障诊断的方法，特别对挖掘机驾驶员，必须要掌握挖掘机电脑监控器所提供的故障诊断和挖掘机工作异常报警的使用。就驾驶员而言，正确地判断故障是最重要的。下面以小松为例，介绍电脑监控器故障诊断和工作异常报警工作状况。

服务模式为故障诊断模式，此模式主要由维修人员通过操作开关，正常地显示该模式。此模式主要用于特殊的设定、测试、调整或故障诊断。该模式驾驶员可以学用，对维修人员查找故障尤为重要。

特殊功能：服务模式项目表见表 11-1。

表 11-1　服务模式项目表

服务模式			服务模式		
监控			调整	泵吸入转矩(F)	
异常记录	机械系统			泵吸入转矩(R)	
	电气系统			低速	
	空调系统/加热器系统			附件流量调整	
保养记录			气缸切断		
保养模式变化			无喷射		
电话号码输入			燃油消耗		
缺省	接通模式		KOMTRAX 设定	终端状态	
	单位			GPS 和通信状态	
	带/不带附件			控制器系列号(TH300)	
	附件/保养密码			控制器 IP 地址(TH200)	
	摄像头		KOMTRAX 信息显示		
	ECO 显示				
	破碎器检测				

11.2　故障诊断模式的操作

要把操作人员模式变为服务模式，进行下列操作。当使用服务模式时，需要进行此项操作。

(1) 显示屏显示的检查和开关的操作

当显示普通屏（见图 11-1）时，用数字输入开关进行下列操作。

开关的操作（按下［4］时，按顺序进行操作）：［4］+［1］—

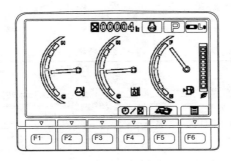

图 11-1 普通屏窗口

[2]—[3]。

只有当显示普通屏时,才允许进行开关的这种操作。

(2)服务菜单的选择

当显示服务菜单屏(见图 11-2)时,服务模式被选择。用功能开关或菜单输入开关选择一个使用的服务菜单。

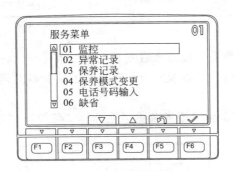

图 11-2 服务菜单窗口

[F3]：移到下部菜单;

[F4]：移到上部菜单;

[F5]：恢复到普通屏(操作人员模式);

[F6]：确认选择。

用户可以用数字输入开关输入一个 2 位数代码以选择此代码的菜单,并用 [F6] 对它进行确认。

可以在服务菜单中选择的项目见表 11-2（包括一些需要特殊操作的项目）。

表 11-2　服务菜单选择项目表

01 监控				泵吸入转矩（F）
02 异常记录	机械系统		07 调整	泵吸入转矩（R）
	电气系统			低速
	空调系统 1 加热器系统			附件流量调整
03 保养记录			08 气缸	
04 保养模式变更			09 无喷射	
05 电话号码输入			10 燃油消耗	
06 缺省	接通模式		11 设定	终端状况
	单位			GPS 和通信状况
	带/不带附件			控制器系列号（TH300）
	附件/保养密码			控制器 IP 地址（TH200）
	摄像头			
	ECO 显示			
	破碎器检测			

（3）监控

机器监控器通过接收来自安装在机器各部分的各种开关、传感器和执行元件的信号以及来自控制开关的控制器的信息，实时监控机器的情况。

① 选择菜单。在服务菜单屏上选择"监控"，如图 11-3 所示。

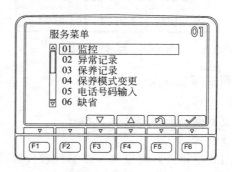

图 11-3　监控选择菜单屏

② 选择监控项目（见图 11-4）：

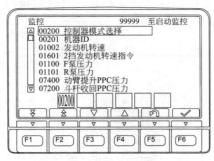

图 11-4　控制器模式选择

显示"监控选择菜单屏"后，用功能开关或数字输入开关选择所要监控的项目。

[F1]：移到下一页（显示屏）；

[F2]：移到前一页（显示屏）；

[F3]：移到下部项目；

[F4]：移到上部项目；

[F5]：重设输入数字/恢复到服务菜单屏；

[F6]：确认选择。

用功能开关选择：用 [F3] 或 [F4] 选择一个项目并用 [F6] 进行确认。

用数字输入开关选择：输入一个 5 位数代码并直接选择此代码的项目，用 [F6] 确认此项目。

如果选择的框的颜色由黄变红，此框的项目选择被确认。

可以同时选择多达 6 个监控项目。然而根据这些项目的显示形式，可能不能设定 6 个项目。

③ 确定监控项目。选择监控项目后，用功能开关或数字输入开关执行监控。

用功能开关执行：双击或按住 [F6]（约 2s）。

用数字输入开关执行：输入 [99999] 并接下 [F6]。

当只监控两项时，用 [F6] 选择并确认它们。如果此时再次

按下 [F6]，则执行监控。

如果选择的监控项目达到限制数，自动地执行监控，压力开关选择窗口如图 11-5 所示。

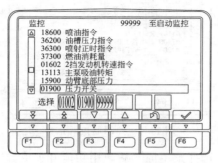

图 11-5　压力开关选择窗口

④ 执行监控。显示"执行监控屏"（见图 11-6）后，进行必要的机器操作，并检查监控信息。监控信息通过数值、ON/OFF 或特殊显示指示。可以用服务模式中的初始化功能把显示的单位设定为 S1 单位、公制单位或英制单位。

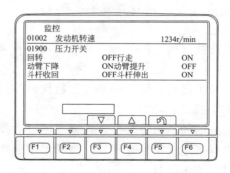

图 11-6　执行监控屏窗口

⑤ 保持监控信息。可以用功能开关保持和重设监控信息，如图 11-7 所示。

[F3]：重设保持；

[F4]：保持信息（显示的数据）；

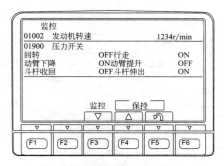

图 11-7　保持监控信息窗口

[F5]：恢复到监控选择菜单屏。

⑥ 改变机器设定模式。为了在监控过程中改变工作模式、行走速度或自动减速的设定，在目前的状况下操作相应的开关，显示模式设定屏，如图 11-8 所示。

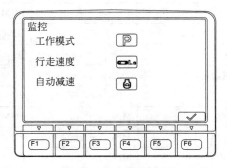

图 11-8　模式设定屏窗口

当显示此屏时，如果进一步操作相应的开关，相应的模式被改变。

完成改变设定后，按下〔F6〕以恢复到监控信息屏。

如果在监控过程中改变设定，监控完成后，即使此屏恢复到普通屏，也会保持新的设定。

如果工作模式变为破碎器模式〔B〕，在改变普通屏上的工作模式时，显示确认设定改变的显示屏，如图 11-9 所示。

图 11-9　破碎器模式窗口

（4）监控项目表（见表 11-3～表 11-5）

表 11-3　监控项目表（一）

代码号	监控项目（显示屏上显示）	单位（初始设定：ISO）			负责的部件	备注
		ISO	m	in		
00200	控制器型号选择	—			PUMP	
00201	机器 ID	—			ENG	
01002	发动机转速	r/min	r/min	r/min	ENG	
01601	2 挡发动机转速指令	r/min	r/min	r/min	PUMP	
01100	前泵压力	MPa	kgf/cm²	psi	PUMP	
01101	后泵压力	MPa	kgf/cm²	psi	PUMP	
07400	动臂提升 PPC 压力	MPa	kgf/cm²	psi	PUMP	
07200	斗杆收回 PPC 压力	MPa	kgf/cm²	psi	PUMP	
07300	铲斗挖掘 PPC 压力	MPa	kgf/cm²	psi	PUMP	
07301	铲斗卸载 PPC 压力	MPa	kgf/cm²	psi	PUMP	
09001	左回转 PPC 压力	MPa	kgf/cm²	psi	PUMP	
09002	右回转 PPC 压力	MPa	kgf/cm²	psi	PUMP	
04107	冷却液温度	℃	℃	℉	ENG	
04401	液压油温度	℃	℃	℉	PUMP	
01300	PC-EPC 电磁线圈电流（F）	mA	mA	mA	PUMP	
01302	PC-EPC 电磁线圈电流（R）	mA	mA	mA	PUMP	

代码号	监控项目（显示屏上显示）	单位（初始设定：ISO）			负责的部件	备注
		ISO	m	in		
01500	LS-EPC 电磁线圈电流	mA	mA	mA	PUMP	
08000	合流-分流器电磁线圈电流（主）	mA	mA	mA	PUMP	
08001	合流-分流器电磁线圈电流（LS）	mA	mA	mA	PUMP	
01700	服务电磁线圈电流	mA	mA	mA	PUMP	
03200	蓄电池电压	V	V	V	PUMP	
03203	蓄电池电源	V	V	V	ENG	
04300	蓄电池充电电压	V	V	V	MON	
36400	油槽压力	MPa	kgf/cm²	psi	ENG	
37400	环境压力	kPa	kgf/cm²	psi	ENG	
18500	充电温度	℃	℃	℉	ENG	
36500	增压压力	kPa	kgf/cm²	psi	ENG	绝对值指示（包括大气压力）
36700	发动机转矩比	%	%	%	ENG	
18700	发动机输出转矩	Nm	kgm	lbft	ENG	
03000	燃油旋钮位置传感器电压	V	V	V	ENG	
04200	燃油油位传感器电压	V	V	V	MON	
04105	发动机水温电压	V	V	V	ENG	
04402	液压油温度传感器电压	V	V	V	PUMP	
37401	环境压力传感器电压	V	V	V	ENG	
18501	充电温度传感器电压	V	V	V	ENG	
36501	充电压力传感器电压	V	V	V	ENG	
36401	油槽压力传感器电压	V	V	V	ENG	
17500	发动机强力模式	—			ENG	
31701	节气门位置	%	%	%	ENG	
31706	最终节气门位置	%	%	%	ENG	

代码号	监控项目(显示屏上显示)	单位(初始设定:ISO)			负责的部件	备　注
		ISO	m	in		
18600	喷油指令	mg/st	mg/st	mg/st	ENG	
36200	油槽压力指令	MPa	kgf/cm²	psi	ENG	
36300	喷射正时指令	CA	CA	CA	ENG	
37300	燃油消耗量	l/h	l/h	gal/h	ENG	
01602	2挡发动机转速指令	％	％	％	PUMP	
13113	主泵吸油转矩	N·m	kgm	lbft	PUMP	
15900	动臂底部压力	MPa	kg/cm²	psi	PUMP	

表 11-4　监控项目表（二）

代码号	监控项目(显示屏上显示)		单位(初始设定:ISO)			负责的部件	备　注
			ISO	m	in		
01900	压力开关1	回转	ON·OFF			PUMP	
		行走	ON·OFF			PUMP	
		动臂下降	ON·OFF			PUMP	
		动臂提升	ON·OFF			PUMP	
		斗杆收回	ON·OFF			PUMP	
		斗杆伸出	ON·OFF			PUMP	
01901	压力开关2	铲斗挖掘	ON·OFF			PUMP	
		铲斗卸载	ON·OFF			PUMP	
		备用	ON·OFF			PUMP	
		行走转向	ON·OFF			PUMP	
02300	电磁阀1	行走连通	ON·OFF			PUMP	
		回转制动	ON·OFF			PUMP	
		合流-分流器	ON·OFF			PUMP	
		2-级溢流	ON·OFF			PUMP	
		行走速度	ON·OFF			PUMP	

代码号	监控项目（显示屏上显示）		单位（初始设定：ISO）			负责的部件	备 注
			ISO	m	in		
02301	电磁阀 2	服务恢复	ON·OFF			PUMP	
02200	开关输入 1	操纵杆开关	ON·OFF			PUMP	
		回转解除开关	ON·OFF			PUMP	
		回转制动开关	ON·OFF			PUMP	
02201	开关输入 2	型号选择 1	ON·OFF			PUMP	
		型号选择 2	ON·OFF			PUMP	
		型号选择 3	ON·OFF			PUMP	
		型号选择 4	ON·OFF			PUMP	
		型号选择 5	ON·OFF			PUMP	
		过载报警	ON·OFF			PUMP	
02202	开关输入 3	钥匙开关（ACC）	ON·OFF			PUMP	
02204	开关输入 5	车窗限位开关	ON·OFF			PUMP	
		P 限位开关	ON·OFF			PUMP	
		W 限位开关	ON·OFF			PUMP	
04500	监控器输入 1	钥匙开关	ON·OFF			MON	
		启动	ON·OFF			MON	
		预热	ON·OFF			MON	
		灯	ON·OFF			MON	
		散热器液位	ON·OFF			MON	
04501	监控器输入 2	空气滤清器	ON·OFF			MON	
		机油油位	ON·OFF			MON	
		蓄电池充电	ON·OFF			MON	
04502	监控器输入 3	回转制动开关	ON·OFF			MON	
04503	监控器功能开关	F1	ON·OFF			MON	
		F2	ON·OFF			MON	
		F3	ON·OFF			MON	
		F4	ON·OFF			MON	
		F5	ON·OFF			MON	
		F6	ON·OFF			MON	

代码号	监控项目（显示屏上显示）		单位（初始设定：ISO）			负责的部件	备　注
			ISO	m	in		
04504	监控器第一和第二排开关	开关 1	ON · OFF			MON	
		开关 2	ON · OFF			MON	
		开关 3	ON · OFF			MON	
		开关 4	ON · OFF			MON	
		开关 5	ON · OFF			MON	
		开关 6	ON · OFF			MON	

表 11-5　监控项目表（三）

代码号	监控项目（显示屏上显示）		单位（初始设定：ISO）			负责的部件	备　注
			ISO	m	in		
04505	监控器第3和第4排开关	开关 7	ON · OFF			MON	
		开关 8	ON · OFF			MON	
		开关 9	ON · OFF			MON	
		开关 10	ON · OFF			MON	
		开关 11	ON · OFF			MON	
04506	监控器第5排开关	开关 12	ON · OFF			MON	
		开关 13	ON · OFF			MON	
		开关 14	ON · OFF			MON	
		开关 15	ON · OFF			MON	
18800	燃油内含水		ON · OFF			ENG	WIF:燃油内含水
20216	ECM 新版本		—			ENG	
20217	ECM CAL 数据版		—			ENG	
18900	ECM 内部温度		℃	℃	℉	ENG	
20400	ECM 系列号		—			ENG	
20227	监控器总成零件号		—			MON	
20402	监控器系列号		—			MON	
20228	监控器程序零件号		—			MON	
20229	泵控制器总成零件号		—			PUMP	
20403	泵控制器系列号		—			PUMP	
20230	泵控制器程序零件号		—			PUMP	

① 表中项目的输入顺序：按照监控器选择菜单屏上显示的顺序输入项目。

② 单位：可以随意地将显示单位设定为 ISO、m、或 in（用服务菜单的初始化中的单位选择设定）。显示单位中的"CA"是曲轴角度的缩写。显示单位中的"mg/st"是毫克/行程的缩写。

③ 负责的部件。

MON：机器监控器负责监控信息的控制。

ENG：发动机控制器负责监控信息的控制。

PUMP：泵控制器负责监控信息的控制。

(5) 异常记录（机械系统）

机器监控器对过去或现在出现的异常进行分类并记录到机械系统、电气系统和空调系统或加热器系统中。为检查机械系统异常记录，进行以下步骤。

① 选择菜单：在"服务菜单"屏上选择"异常记录"，如图 11-10 所示。

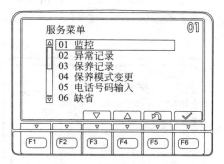

图 11-10 异常记录窗口

② 选择子菜单。显示"异常记录"屏后，用功能开关或数字输入开关选择"机械系统"，如图 11-11 所示。

［F3］：移到下部项目；

［F4］：移到上部项目；

［F5］：恢复到服务菜单屏；

［F6］：确认选择。

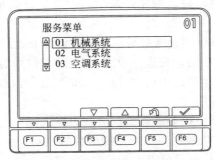

图 11-11　机械系统窗口

可以用数字输入开关输入一个 2 位数代码，以选择此代码的记录并用［F6］进行确认。

图 11-11 示出了空调技术规格的显示。加热器技术规格和无加热器技术规格在"03 空调系统"的显示上相互是不同的。在无加热器技术规格中，可能不显示"03 空调系统"。

③"异常记录"屏上显示的信息。在"机械系统"屏上，显示下列信息，如图 11-12 所示。

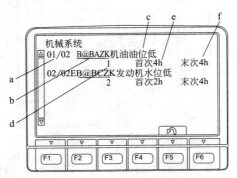

图 11-12　机械系统菜单下信息内容

a. 自最后一次异常的出现顺序/记录的总数；

b. 故障码；

c. 故障内容；

d. 出现的次数（可显示的范围：0～65635 次）；

e. 首次出现时的小时表读数；

f. 末次出现时的小时表范围。

[F1]：移到下一页（显示屏）（如果显示）；

[F2]：移到前一页（显示屏）（如果显示）；

[F5]：恢复异常记录屏。

如果无异常记录被记录，显示"无异常记录"0。

如果出现次数为1（首次出现），首次出现时的小时表读数和最后出现时的小时表读数相同。

如果在故障码的左侧显示［E］，表示异常仍在出现或其重设还没有被确认。

有关机器监控器可以记录的所有故障码，参见"异常记录（电气系统）"中的故障码表（见表11-6）。

表 11-6　故障码表

用户代码	故障码	故障（显示屏上显示）	报警蜂鸣器	负责的部件	记录的类别
	989L00	发动机控制器锁定注意1		MON	电气系统
	989M00	发动机控制器锁定注意2		MON	电气系统
	989N00	发动机控制器锁定注意3		MON	电气系统
	AA10NX	空气滤清器堵塞		MON	机械系统
	AB00KE	充电电压低		MON	机械系统
	B@BAZG	机油压力低	▲	ENG	机械系统
	B@BAZK	机油油位低		MON	机械系统
	B@BCNS	发动机水过热	▲	ENG	机械系统
	B@BCZK	发动机水位低	▲	MON	机械系统
	B@HANS	液压油过热	▲	PUMP	机械系统
E10	CA111	EMC临界内部故障	●	ENG	电气系统
E10	CA115	发动机Ne和Bkup传感器故障	●	ENG	电气系统
E11	CA122	充气压力传感器高压故障	●	ENG	电气系统
E11	CA123	充气压力传感器低压故障	●	ENG	电气系统
E14	CA131	节气门传感器高压故障	●	ENG	电气系统

用户代码	故障码	故障（显示屏上显示）	报警蜂鸣器	负责的部件	记录的类别
E14	CA132	节气门传感器低压故障	●	ENG	电气系统
E15	CA144	冷却液温度传感器高压故障	●	ENG	电气系统
E15	CA145	冷却液温度传感器低压故障	●	ENG	电气系统
E15	CA153	充气温度传感器高压故障	●	ENG	电气系统
E15	CA154	充气温度传感器低压故障	●	ENG	电气系统
E11	CA155	充气温度高速下降	●	ENG	电气系统
E15	CA187	传感器电源2电压低故障	●	ENG	电气系统
E11	CA221	环境压力传感器高压故障	●	ENG	电气系统
E11	CA222	环境压力传感器低压故障	●	ENG	电气系统
E15	CA227	传感器电源2电压高故障	●	ENG	电气系统
	CA234	发动机超速		ENG	机械系统
E15	CA238	Ne转速传感器电源电压故障	●	ENG	电气系统
E10	CA271	1MV/PCV1短路故障	●	ENG	电气系统
E10	CA272	1MV/PCV1开路故障	●	ENG	电气系统
E11	CA322	lnj♯1（L♯1）开路/短路故障	●	ENG	电气系统
E11	CA323	lnj♯5（L♯5）开路/短路故障	●	ENG	电气系统
E11	CA324	lnj♯3（L♯3）开路/短路故障	●	ENG	电气系统
E11	CA325	lnj♯6（L♯6）开路/短路故障	●	ENG	电气系统
E11	CA331	lnj♯2（L♯2）开路/短路故障	●	ENG	电气系统
E11	CA332	lnj♯4（L♯4）开路/短路故障	●	ENG	电气系统
E10	CA342	校准代码不兼容	●	ENG	电气系统
E10	CA351	喷油器驱动电路故障	●	ENG	电气系统
E15	CA352	传感器电源1电压低故障	●	ENG	电气系统
E15	CA386	传感器电源1电压高故障	●	ENG	电气系统
E15	CA428	燃油含水传感器高压故障	●	ENG	电气系统
E15	CA429	燃油含水传感器低压故障	●	ENG	电气系统
E15	CA435	机油压力开关故障	●	ENG	电气系统

用户代码	故障码	故障(显示屏上显示)	报警蜂鸣器	负责的部件	记录的类别
E10	CA441	蓄电池电压低故障	●	ENG	电气系统
E10	CA442	蓄电池电压高故障	●	ENG	电气系统
E11	CA449	油槽压力高故障	●	ENG	电气系统
E11	CA451	油槽压力传感器高压故障	●	ENG	电气系统
E11	CA452	油槽压力传感器低压故障	●	ENG	电气系统
E11	CA488	充气温度高,扭矩下降	●	ENG	电气系统
E15	CA553	油槽压力很高故障	●	ENG	电气系统
E15	CA559	油槽压力很低故障	●	ENG	电气系统
E15	CA689	发动机 Ne 转速传感器故障	●	ENG	电气系统
E15	CA731	发动机 Bkup 转速传感器相位故障	●	ENG	电气系统
E10	CA757	所有连续数据丢失故障	●	ENG	电气系统
E15	CA778	发动机 Bkup 传感器故障	●	ENG	电气系统
E0E	CA1633	KOMNET 数据传输超时故障		ENG	电气系统
E14	CA2185	油门传感器电源电压高故障		ENG	电气系统
E14	CA2186	油门传感器电源电压低故障		ENG	电气系统
E11	CA2249	油槽压力很低故障		ENG	电气系统
E11	CA2311	1MV 电磁线圈故障	●	ENG	电气系统
E15	CA2555	栅极 Htr 继电器电压高故障	●	ENG	电气系统
E15	CA2556	栅极 Htr 继电器电压低故障	●	ENG	电气系统
E01	D19JKZ	人员代码继电器异常	●	MON2	电气系统
	D862KA	GPS 天线断路		MON2	电气系统
E0E	DA22KK	泵电磁线圈电源低压故障	●	PUMP	电气系统
	DA25KP	5V 传感器 1 电源异常		PUMP	电气系统
	DA29KQ	型号选择异常		PUMP	电气系统
E0E	DA2RMC	CAN 断路(检测的泵连接)	●	PUMP	电气系统
	DAFGMC	GPS 模块故障		MON2	电气系统
E0E	DAFRMC	CAN 断路(检测的监控器)	●	MON	电气系统

用户代码	故障码	故障(显示屏上显示)	报警蜂鸣器	负责的部件	记录的类别
	DGH2KB	液压油传感器短路		PUMP	电气系统
	DHPAMA	F 泵压力传感器异常		PUMP	电气系统
	DHPBMA	R 泵压力传感器异常		PUMP	电气系统
	DHS3MA	斗杆收回 PPC 压力传感器异常		PUMP	电气系统
	DHS4MA	铲斗挖掘 PPC 压力传感器异常		PUMP	电气系统
	DHS8MA	动臂提升 PPC 压力传感器异常		PUMP	电气系统
	DHSAMA	右回转 PPC 压力传感器异常		PUMP	电气系统
	DHSBMA	左回转 PPC 压力传感器异常		PUMP	电气系统
	DHSDMA	铲斗卸载 PPC 压力传感器异常		PUMP	电气系统
	DHX1MA	过载传感器异常(模拟)		PUMP	电气系统
	DW43KA	行走速度电磁线圈断路		PUMP	电气系统
	DW43KB	行走速度电磁线圈短路		PUMP	电气系统
E03	DW45KA	回转制动电磁线圈断路	●	PUMP	电气系统
E03	DW45KB	回转制动电磁线圈短路	●	PUMP	电气系统
	DW91KA	行走连通电磁线圈断路		PUMP	电气系统
	DW91KB	行走连通电磁线圈短路		PUMP	电气系统
	DWA2KA	各用电磁线圈断路		PUMP	电气系统
	DWA2KB	备用电磁线圈短路		PUMP	电气系统
	DWK0KA	2 级溢流电磁线圈断路		PUMP	电气系统
	DWK0KB	2 级溢流电磁线圈短路		PUMP	电气系统
E02	DXA8KA	PC-EPC(F)电磁线圈断路	●	PUMP	电气系统
E02	DXA8KB	PC-EPC(F)电磁线圈短路	●	PUMP	电气系统
E02	DXA9KA	PC-EPC(R)电磁线圈断路	●	PUMP	电气系统
E02	DXA9KB	PC-EPC(R)电磁线圈短路	●	PUMP	电气系统
	DXE0KA	LS-EPC 电磁线圈断路		PUMP	电气系统
	DXE0KB	LS-EPC 电磁线圈短路		PUMP	电气系统
	DXE4KA	备用电流 EPC 断路		PUMP	电气系统

用户代码	故障码	故障(显示屏上显示)	报警蜂鸣器	负责的部件	记录的类别
	DXE4KB	备用电流 EPC 短路		PUMP	电气系统
	DXE5KA	合流-分流器主电磁线圈断路		PUMP	电气系统
	DXE5KB	合流-分流器主电磁线圈短路		PUMP	电气系统
	DXE6KA	合流-分流器 LS 电磁线圈断路		PUMP	电气系统
	DXE6KB	合流-分流器 LS 电磁线圈短路		PUMP	电气系统
	DY20KA	雨刷器工作异常		PUMP	电气系统
	DY20MA	雨刷器停放异常		PUMP	电气系统
	DY2CKA	洗涤器驱动断路		PUMP	电气系统
	DY2CKB	洗涤器驱动短路		PUMP	电气系统
	DY2DKB	雨刷器驱动(正向)短路		PUMP	电气系统
	DY2EKB	雨刷器驱动(反向)短路		PUMP	电气系统

注：★表中项目的输入顺序。

★按故障码顺序输入项目（增加顺序）。

★带用户代码：如果检测出故障码，在普通屏上显示用户代码、故障码和电话号码（如果注册）以将异常通知操作人员。

★不带用户代码：即使检测出故障码，机器监控器也不通知操作人员异常。

★报警蜂鸣器。

●：当把出现的故障通知操作人员时，蜂鸣器鸣响（操作人员可以用蜂鸣器取消开关停止蜂鸣器鸣响）。

▲：当注意监控器也被打开时，它的作用是鸣响蜂鸣器。

★负责的部件

MON：机器监控器负责异常的检测。

MON2：机器监控器的 KOMTRAX 部分负责异常的检测。

ENG：发动机控制器负责异常的检测。

PUMP：泵控制器负责异常的检测。

★记录的类别

机械系统：在机械系统异常记录中记录异常信息。

电气系统：在电气系统异常记录中记录异常信息。

④ 重设异常记录。机械系统异常记录的内容不能被重设。

(6) 电气系统异常记录

机器监控器对过去或现在出现的异常进行分类并记录到机械系

统、电气系统和空调系统。

为检查电气系统异常记录，进行以下步骤。

① 选择菜单。在"服务菜单"屏上选择"异常记录"，如图 11-13 所示。

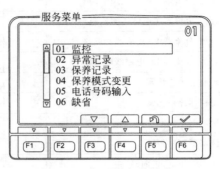

图 11-13　打开服务菜单窗口

② 选择子菜单（见图 11-14）。显示"异常记录"屏后，用功能开关或数字输入开关选择"电气系统"。

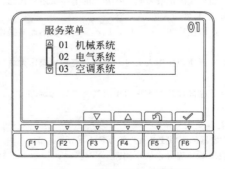

图 11-14　下翻子菜单电气系统

[F3]：移到下部项目；

[F4]：移到上部项目；

[F5]：恢复到服务菜单屏；

[F6]：确认选择。

可以用数字输入开关输入一个 2 位数代码，以选择此代码的记

录并用 [F6] 进行确认。

图 11-14 示出了空调技术规格的显示。加热器技术规格和无加热器技术规格在"03 空调系统"的显示上相互是不同的。在无加热器技术规格中,可能不显示"03 空调系统"。

③ 在"异常记录"屏上显示的信息。在"电气系统"屏上,显示下列信息(见图 11-15)。

a. 自最后一次异常的出现顺序/记录的总数;

b. 故障码;

c. 故障内容;

d. 出现的次数(可显示的范围:0~65,635 次);

e. 首次出现时的小时表读数;

f. 最后出现时的小时表范围。

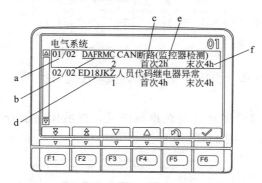

图 11-15　打开电气系统菜单下电气信息

[F1]:移到下一页(显示屏)(如果显示);

[F2]:移到前一页(显示屏)(如果显示);

[F3]:移到下部项目;

[F4]:移到上部项目;

[F5]:恢复异常记录屏。

如果无异常记录被记录,显示"无异常记录"0。

如果出现次数为 1(首次出现),首次出现时的小时表读数和最后出现时的小时表读数相同。

如果在故障码的左侧显示［E］，表示异常仍在出现或其重设还没有被确认。

有关机器监控器可以记录的所有故障码见故障码表 11-6～表 11-8。

④ 重设异常记录。

a. 当显示"电气系统"屏（见图 11-16）时，用数字输入开关进行下列步骤。

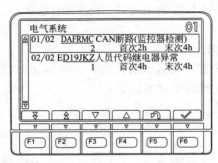

图 11-16　打开电气系统下子菜单

开关的操作（当接下［4］时，按顺序进行操作）：［4］＋［1］－［2］－［3］。

b. 检查显示屏是否设在重设模式，然后用功能开关逐一或一起重设项目，如图 11-17 所示。

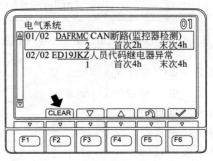

图 11-17　重设模式窗口

如果显示屏被设在重设模式，在［F2］处显示［CLEAR］图形标记。

［F2］：重设所有项目；

［F3］：移到下部项目；

［F4］：移到上部项目；

［F5］：恢复到异常记录屏；

［F6］：重设选择的项目。

为了逐一地重设项目：用［F3］或［F4］选择所要重设的项目并接下［F6］。

为了一起重设所有项目：接下［F2］，所有项目被重设，与项目的选择无关。

如果在故障码的左侧显示［E］，重设操作被认可，但信息没被重设。

c. 显示"电气系统故障重设"屏以后，操作功能开关。

［F5］：恢复到"电气系统"屏（重设模式）；

［F6］：执行重设。

图11-18示出了当逐一地重设项目时显示的显示屏（它与一起设定所有项目时显示的显示屏有点不同）。

图11-18 电气系统故障重设窗口

d. 如果显示通知重设完成的显示屏并且然后显示"电气系统"（重设模式）屏，表示异常记录的重设完成。过一会儿，此屏恢复到"电气系统"屏，如图11-19所示。

• 表中项目的输入顺序 按故障码顺序输入项目（增加顺序）。

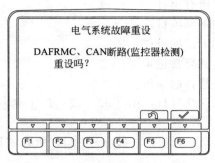

图 11-19　重设完成的显示屏

　　带用户代码：如果检测出故障码，在普通屏上显示用户代码、故障码和电话号码（如果注册）以将异常通知操作人员。

　　不带用户代码：即使检测出故障码，机器监控器也不通知操作人员异常。

　　•报警蜂鸣器　当把出现的故障通知操作人员时，蜂鸣器鸣响（操作人员可以用蜂鸣器取消开关停止蜂鸣器鸣响）。

　　当注意监控器也被打开时，它的作用是鸣响蜂鸣器。

　　•负责的部件

　　MON：机器监控器负责异常的检测。

　　MON2：机器监控器的 KOMTRAX 部分负责异常的检测。

　　ENG：发动机控制器负责异常的检测。

　　PUMP：泵控制器负责异常的检测。

　　•记录的类别

　　机械系统：在机械系统异常记录中记录异常信息。

　　电气系统：在电气系统异常记录中记录异常信息。

11.3　一般机械故障诊断的判断方法

11.3.1　机械故障的一般现象

（1）工作突变

　　如发动机突然熄火，启动困难，甚至不能发动，液压执行原件突然变慢等。

（2）声响异常

如发动机敲缸响，气门脚响，液压泵响等。

（3）渗漏现象

如漏水、漏气、漏油等。

（4）过热现象

如发动机过热、液压油过热、液压缸过热等。

（5）油耗增多

如发动机机油被燃烧而消耗；燃油因燃烧不完全而漏掉等。

（6）排气异常

如气缸上窜机油，废气冒蓝色；燃料燃烧不彻底、废气冒黑烟等。

（7）气味特殊

如漏撒的机油被发动机烤干，电气线路过载烧焦的气味等。

（8）外观异常

如局部总成件振动严重，液压油缸杆颜色变暗等。

11.3.2　故障诊断的方法

1）故障简易诊断又称主观诊断法，是依靠维修人员的视觉、嗅觉、听觉、触觉以及实践经验，辅以简单的仪器对挖掘机液压系统、液压元件出现的故障进行诊断，具体方法如下：

① 看。观察挖掘机液压系统、液压元件的真实情况，一般有六看：

一看速度。观察执行元件（液压缸、液压电动机等）运行速度有无变化和异常现象。

二看压力。观察液压系统中各测压点的压力值是否达到额定值及有无波动。

三看油液。观察液压油是否清洁、变质；油量是否充足；油液黏度是否符合要求；油液表面是否有泡沫等。

四看泄漏。看液压管道各接头处、阀块接合处、液压缸端盖处、液压泵和液压电动机轴端处等是否有渗漏和出现油垢。

五看振动。看液压缸活塞杆及运动机件有无跳动、振动等现象。

六看产品。根据所用液压元件的品牌和加工质量，判断液压系统的工作状态。

② 听。用听觉分辨液压系统的各种声响，一般有四听：

一听冲击声。听液压缸换向时冲击声是否过大；液压缸活塞是否撞击缸底和缸盖；换向阀换向是否撞击端盖等。

二听噪声。听液压泵和液压系统工作时的噪声是否过大；溢流阀等元件是否有啸叫声。

三听泄漏声。听油路板内部是否有细微而连续的声音。

四听敲击声。听液压泵和液压电动机运转时是否有敲击声。

③ 摸。用手抚摸液压元件表面，一般有四摸。

一摸温升。用手抚摸液压泵和液压电动机的外壳、液压油箱外壁和阀体表面，若接触 2s 时感到烫手，一般可认为其温度已超过 65℃，应查找原因。

二摸振动。用手抚摸内有运动零件部件的外壳、管道或油箱，若有高频振动应检查原因。

三摸爬行。当执行元件、特别是控制机构的零件低速运动时，用手抚摸内有运动零件部件的外壳，感觉是否有爬行现象。

四摸松紧程度。用手抚摸开关、紧固或连接的松紧可靠程度。

④ 闻。闻液压油是否发臭变质，导线及油液是否有烧焦的气味等。

简易诊断法虽然有不依赖于液压系统的参数测试、简单易行的优点，但由于个人的感觉不同、判断能力有差异、实践经验的多少和故障的认识不同，判断结果会存在一定差异，所以在使用简易诊断法诊断故障有困难时，可通过拆检、测试某些液压元件以进一步确定故障。

2) 故障精密诊断法。精密诊断法，即客观诊断法，是指采用检测仪器和电子计算机系统等对挖掘机液压元件、液压系统进行定量分析，从而找出故障部位和原因。精密诊断法包括仪器仪表检测法、油液分析法、振动声学法、超声波检测法、计算机诊断的专家系统等。

① 仪器仪表检测法。这种诊断法是利用各种仪器仪表测定挖掘机液压系统、液压元件的各项性能、参数（压力、流量、温度等），将这些数据进行分析、处理，以判断故障所在。该诊断方法可利用被监测的液压挖掘机上配置的各种仪表，投资少，并且已发展成在线多点自动监测，因此它在技术上是行之有效的。

② 油液分析法。据资料介绍，挖掘机液压系统的故障约有70%是油液污染引起的，因而利用各种分析手段来鉴别油液中污染物的成分和含量，可以诊断挖掘机液压系统故障及液压油污染程度。目前常用的油液分析法包括光谱分析法、铁谱分析法、磁塞检测法和颗粒计数法等。

油液的分析诊断过程，大体上包括如下五个步骤：

采样。从液压油中采集能反映液压系统中各液压元件运行状态的油样。

检测。测定油样中磨损物质的数量和粒度分布。

识别。分析并判断液压油污染程度、液压元件磨损状态、液压系统故障的类型及严重性。

预测。预测处于异常磨损状态的液压元件的寿命和损坏类型。

处理。对液压油的更换时间、液压元件的修理方法和液压系统的维护方式等做出决定。

③ 振动声学法。通过振动声学仪器对液压系统的振动和噪声进行检测，按照振动声学规律识别液压元件的磨损状况及其技术状态，在此基础上诊断故障的原因、部位、程度、性质和发展趋势等。此法适用于所有的液压元件，特别是价值较高的液压泵和液压马达的故障诊断。

超声波检测法。应用超声波技术在液压元件壳体外和管壁外进行探测，以测量其内部的流量值。常用的方法有回波脉冲法和穿透传输法。

计算机诊断专家系统。基于人工智能的计算机诊断系统能模拟故障专家的思维方式，运用已有的故障诊断的理论知识和专家的实践经验，对收集到的液压元件或液压系统故障信息进行推理分析并作出判断。

以微处理器或微型计算机为核心的电子控制系统通常都具有故障自诊断功能，工作过程中，控制器能不断地检测和判断各主要组成元件工作是否正常。一旦发生异常，控制器通常以故障码的形式向驾驶员指示故障部位，从而可方便准确地查出所出现的故障。

3）故障诊断的顺序。应在诊断时遵循由外到内、由易到难、由简单到复杂、由个别到一般的原则进行，诊断顺序如下：查阅资料（挖掘机使用说明书及运行、维修记录等）、了解故障发生前后挖掘机的工作情况——外部检查——试车观察——内部系统油路布置检查（参照液压系统图）——仪器检查（压力、流量、转速和温度等）——分析、判断——拆检、修理——试车、调整——总结、记录。其中先导系统、溢流阀、过载阀、液压泵及滤油器等为故障率较高的元件，应重点检查。

以上诊断故障的几个方面，不是每一项都全用上，而是根据不同故障具体灵活地运用，但是，进行任何故障的诊断，总是离不开思考和分析推理的。认真对故障进行分析，可以少走弯路，而对故障分析的准确性，却与诊断人员所具备的经验和理论知识的丰富程度有关。

11.4 常见故障的排除

为了使挖掘机在使用过程中得到及时、快速地修复，下面将挖掘机的故障大致分为如下几部分。

（1）燃油系统的故障

例如：更换滤芯之后，按照下列过程排气（见图 11-20）：油箱加满燃油→松开排气螺塞→使用手油泵泵油 50～60 次，直至不

图 11-20　更换滤芯后排气

再有气泡从螺塞处冒出为止→拧紧排气螺塞。

（2）电器的故障

例如：检查熔断器是否有损坏，电路是否有短路或断路的迹象，端子是否松动。检查蓄电池、启动马达和交流发电机的电路。检查蓄电池周围是否积聚易燃物，其中对于蓄电池的检查如图11-21所示。

图 11-21　蓄电池的检查

（3）发动机故障与排除（见表11-7）

表 11-7　发动机故障与排除

类　　型		故障原因	排除方法
柴油机不能启动	1. 启动电动机转速低或不转	（1）蓄电池电量不足或接头松弛；	（1）充电；旋紧接头，必要时修复接线柱；
		（2）启动电动机电刷、转子损坏；	（2）检修或更换；
		（3）启动电动机齿轮不能嵌入飞轮齿圈内；	（3）将飞轮转动一个位置，检查起动机安装情况；
		（4）熔丝烧损	（4）检修或更换
	2. 燃油系统不正常	（1）燃油箱中无油或油箱阀门未打开；	（1）添加燃油，打开阀门；
		（2）燃油系统有空气，油中有水，接头处漏油、气；	（2）排除空气；更换柴油，检修漏油、漏气；
		（3）油路堵塞；	（3）检查管路是否畅通，清洗、更换柴油滤芯、滤网；
		（4）输油泵不来油；	（4）检查输油泵进油管是否漏气；检修或更换输油泵；
		（5）喷油器不喷油或雾化不良；喷油器调压弹簧断；喷孔堵塞；	（5）检修喷油器；并按规定压力调整喷油器校验器；
		（6）喷油泵出油阀漏油，弹簧断裂，柱塞偶件磨损	（6）研磨；修复或更换

类　型		故障原因	排除方法
柴油机 不能启动	3.气缸压 缩压不够	(1)气门间隙过小； (2)气门漏气； (3)气缸盖衬垫漏气； (4)活塞环磨损,胶结, 开口位置重叠； (5)气缸磨损	(1)按规定调整； (2)研磨节气门； (3)更换气缸盖衬垫,按规定拧 紧气缸盖螺母； (4)更换,清洗,调整； (5)更换气缸套
	4.其他 原因	(1)气温太低,机油黏度 过大； (2)燃烧室或气缸中有水	(1)冷却系加注热水,使用起动 预热,使用规定牌号机油； (2)检查,修复,更换
机油压力 不正常	1.机油压 力过低或压 无压力	(1)机油油面过低或变质； (2)油管破裂；管接头未 压紧滑油；机油压力表损坏； (3)机油泵调压弹簧变 形、断裂； (4)机油泵间隙过大； (5)机油泵垫片破损,集 滤器漏气； (6)压力润滑系统各轴 承配合间隙过大； (7)油道堵塞松漏	(1)添加机油,更换机油； (2)焊修；拧紧；更换； (3)更换后再调整； (4)修复,更换； (5)更换检修； (6)检修,调整或更换； (7)检查、拧紧
	2.机油压 力过高	(1)机油泵限压阀工作 不正常,回油不畅； (2)气温低,机油黏度大	(1)检查并调整； (2)暖车后自行降低,使用规定 牌号机油
	3.摇管轴 处不上机油	上气缸盖油道和摇臂轴 支座部的油孔阻塞	清洗,疏通
排气管冒 烟不正常	1.排气冒 黑烟	(1)喷油器积炭堵塞,针 阀卡阻； (2)负荷过重； (3)喷油太迟,部分柴油 在排气过程中燃烧； (4)气门间隙不正确,气 门密封不良； (5)喷油泵各缸供油不 均匀； (6)空气滤清器阻塞,进 气不畅	(1)检查、修复,更换调试； (2)调整负荷,使之在规定范 围内； (3)调整喷油泵提前角； (4)检查节气门间隙、节气门密 封工作面、节气门导管等,并调整 修理； (5)调整各缸喷油量； (6)清洗或更换空气滤清器

类　　型		故障原因	排除方法
排气管冒烟不正常	2. 排气冒白烟	(1)喷油压力太低,雾化不良,有滴油现象; (2)发动机温度过低; (3)气缸内渗进水分	(1)检查、调整或更换喷油器偶件; (2)使发动机至正常温度; (3)检查气缸盖衬垫
	3. 排气冒蓝烟	(1)活塞环磨损过大,或因积炭弹性不足,导致机油窜入气缸燃烧室; (2)机油油面过高; (3)气环上下方向装错	(1)清洗或更换活塞环; (2)放出多余机油; (3)按规定装配
功率不足		(1)柴油滤清器或输油泵进油管接头滤网堵塞; (2)喷油器压力异常或雾化不良; (3)喷油泵柱塞件磨损过度; (4)调速器弹簧松弛,未达到额定转速; (5)燃油系统进入空气; (6)喷油提前角不正确; (7)各缸喷油量不正确; (8)空气滤清器不畅; (9)节气门漏气; (10)压缩压力不足; (11)配气定时不对; (12)喷油器孔漏气; (13)气缸盖螺母松	(1)清洗或更换; (2)检修喷油器或更换喷油器偶件; (3)调整供油量,检修、更换柱塞偶件、出油阀偶件; (4)上油泵试验台,调整高速限位螺钉,更换调速弹簧; (5)排除燃油系统内空气; (6)按规定调整; (7)在油泵试验台上调整; (8)清洁或更换滤芯; (9)检查节气门间隙、节气门弹簧、节气门导管、节气门密封工作面,酌情修理; (10)见本表柴油机不能启动中的"3"; (11)凸轮磨损过度,正时齿轮键磨损,修理或更换; (12)更换铜垫,清理孔表面,拧紧喷油器压板; (13)按规定扭紧力矩拧紧

类 型	故障原因	排除方法
不正常响声	(1)供油提前角过大,气缸内产生有节奏的金属敲击声; (2)喷油器滴油和针阀咬住,突然发出"嗒嗒"的声音; (3)节气门间隙过大,产生清晰有节奏的敲击声; (4)活塞碰节气门,有沉重而节奏均匀的敲击声; (5)活塞碰气缸盖底部,可听到沉重有力的敲击声; (6)节气门弹簧断、节气门推杆弯曲、节气门挺柱磨损,使配气机构发出轻微敲击声; (7)活塞与气缸套间隙过大的响声,随发动机温度上升而减轻; (8)连杆轴承间隙过大,当转速突然降低,可听到沉重有力的撞击声; (9)连杆衬套与活塞销间隙过大,此种声音轻微而尖锐,怠速时尤为清晰; (10)曲轴止推垫片磨损,轴向间隙过大时,怠速对出曲轴前后游动敲击声	(1)按规定调整供油提前角; (2)清洗,上喷油器试验台调整,更换针阀偶件; (3)按规定调整节气门间隙; (4)适当放大节气门间隙,修正连杆轴承的间隙或更换连杆衬套; (5)检查曲柄连杆机构的运转情况,酌情修复; (6)更换弹簧、推杆或挺柱等,并调整气门间隙; (7)酌情更换气缸套、活塞和活塞环; (8)检查曲轴连杆轴颈,更换连杆轴承; (9)更换连杆衬套; (10)更换曲轴止推片
振动严重	(1)各缸供油不均匀,个别喷油器雾化不良,个别缸漏气严重,压缩比相差较大等; (2)柴油中有空气和水; (3)柴油机工作异常,敲缸	(1)检验喷油泵,校验喷油器,消除漏气故障,分析影响压缩比的原因并修复; (2)排空气体,沉淀后放水; (3)校正供油提前角
柴油机过热	(1)水泵损坏;风扇带打滑;散热器与风扇位置不当;节温器失效;冷却系统管路受阻或堵塞;水套内水垢过厚;水泵排量不足;水量不足;气缸盖衬垫受损,燃气进入水道; (2)燃油窜入曲轴箱;机油进水,机油稀释变质;机油不足或过多;轴承配合间隙过小	(1)检修水泵;调整风扇带张紧程度或更换带;检查水箱安装位置;检查节温器工作情况;检查管路通道;清洗冷却系统及水套;检查水泵叶轮间隙;加满水箱;更换气缸盖衬垫; (2)检查气缸与活塞环磨损情况及工作情况,酌情修理;查清机油进水原因并修理,更换机油;检查油面;调整轴承配合间隙

类　型	故障原因	排除方法
机油耗量过大	(1)机油黏度低,牌号不对; (2)活塞环与气缸套磨损过大;油环的回油孔堵塞; (3)活塞环胶结,气环上下装反; (4)曲轴前后油封、油底壳结合平面、气缸盖罩、侧盖等密封处漏油; (5)机油滤芯胶垫及机油管路漏油	(1)调用规定牌号机油; (2)更新,清洗回油孔; (3)清洗或更换; (4)检查和整修,或更换等有关零件; (5)检修
转速剧增	(1)拉杆卡死在大油量位置,调速器失去作用; (2)调速器滑动盘轴套卡住; (3)调节臂从拨叉中脱出; (4)机油过多	(1)拆修调速器及调速器拉杆; (2)检修; (3)检修; (4)检修汽缸套活塞环等
自行停车	(1)油路中断,油路进入空气,输油泵不供油;柴油滤芯、滤网阻塞; (2)活塞与气缸抱死; (3)曲轴颈或连杆轴颈与轴瓦抱死; (4)喷油泵出油阀卡死,柱塞弹簧断裂,调速器滑动盘轴套卡住	(1)放空气,检修输油泵;清洗滤芯、滤网; (2)配合间隙不对;冷却系有故障或严重缺水; (3)缺机油或润滑系部件处故障,检修更换; (4)上油泵试验台调试及更换配件
游车	(1)各缸供油量不均匀;喷油器滴油;拉杆拨叉螺钉松动; (2)喷油泵供油拉杆叉与柱塞调节臂间隙过大;调速器钢球及滑动盘磨损出现凹痕,滑动盘轴套阻滞; (3)喷油泵凸轮轴向移动间隙过大	(1)上油泵试验台调整各缸供油量;上喷油器校验台调整喷油器或更换针阀偶件;固定拨叉螺钉; (2)上油泵试验台调试,更换零件; (3)用铜垫片调整
机油油面升高	(1)气缸套水封圈损坏; (2)气缸盖衬垫漏水; (3)气缸盖或机体漏水	(1)更换水封圈; (2)更换气缸盖衬垫; (3)检修、更换

（4）整机故障与排除（见表 11-8）

表 11-8　整机故障与排除

故障特征		原因分析	排除方法
整机方面	(1)功率下降	①柴油机输出功率不足； ②油泵磨损； ③分配阀或主溢流阀调整不当； ④工作油量不足； ⑤吸油管路吸进空气	①检查修理； ②检查更换； ③调整压力到合适； ④从油质系统泄漏、元件磨损等方面检查； ⑤排出系统中空气紧固接头检查和更换密封
	(2)作业不良	①油泵出现故障； ②油泵排油量不足	①检查并更换； ②检查油质、油泵的磨损、密封等，必要时更换
	(3)回转压力不足	①缓冲阀调整压力下降； ②油马达性能下降； ③回转轴承损坏	①调整压力到合适； ②检查更换； ③更换
	(4)回转制动失灵	①缓冲阀调整压力下降； ②油马达性能下降	①调整压力到合适； ②检查更换
	(5)回转时异音	①大小齿轮油脂不足； ②油马达性能下降	①加润滑脂； ②检查更换
	(6)行走力不足	①溢流阀调整压力低； ②缓冲阀调整压力低； ③油马达性能下降； ④中央回转接头密封损坏	①调整压力到舒适； ②调整压力到合适； ③检查或更换； ④更换
	(7)行走不轻快	①履带内有石块等杂物夹入； ②履带板张紧过度； ③缓冲阀调整压力不合适； ④油马达性能下降	①除去杂物调整； ②调整到合适； ③调整压力到合适； ④检查更换
	(8)行走时跑偏	①履带张紧左右不同； ②油泵性能下降； ③油马达性能下降； ④中央回转接头密封损坏	①调整； ②检查或更换； ③检查或更换； ④更换